普通高等教育"十三五"规划教材

传感器与信号处理电路

（第2版）

主编　高立艾　纪建伟

中国水利水电出版社

www.waterpub.com.cn

·北京·

内 容 提 要

全书共 14 章。前 10 章主要讲述传感器原理与应用,包括传感器的基本概念、电阻传感器、电感传感器、电容传感器、光电传感器、压电传感器、磁电传感器、热电式传感器、数字传感器、其他传感器(含霍尔传感器、超声波传感器、光纤传感器);后 4 章主要讲述信号处理电路的基本原理与形式,包括测量电桥、测量放大电路、滤波器、调制与解调。

本书可供高等学校电气信息类本科、专科师生使用,也可供电气工程技术人员及电器爱好者参考和自学。

图书在版编目(CIP)数据

传感器与信号处理电路 / 高立艾,纪建伟主编. --
2版. -- 北京 : 中国水利水电出版社,2017.9
普通高等教育"十三五"规划教材
ISBN 978-7-5170-5594-5

Ⅰ. ①传… Ⅱ. ①高… ②纪… Ⅲ. ①传感器—信号
处理—电路—高等学校—教材 Ⅳ. ①TP212

中国版本图书馆CIP数据核字(2017)第237697号

书　　名	普通高等教育"十三五"规划教材 **传感器与信号处理电路(第 2 版)** CHUANGANQI YU XINHAO CHULI DIANLU
作　　者	主编　高立艾　纪建伟
出版发行	中国水利水电出版社 (北京市海淀区玉渊潭南路 1 号 D 座　100038) 网址:www. waterpub. com. cn E - mail:sales@waterpub. com. cn 电话:(010) 68367658 (营销中心)
经　　售	北京科水图书销售中心 (零售) 电话:(010) 88383994、63202643、68545874 全国各地新华书店和相关出版物销售网点
排　　版	中国水利水电出版社微机排版中心
印　　刷	北京市密东印刷有限公司印刷
规　　格	184mm×260mm　16 开本　11.75 印张　279 千字
版　　次	2008 年 3 月第 1 版　2008 年 3 月第 1 次印刷 2017 年 9 月第 2 版　2017 年 9 月第 1 次印刷
印　　数	0001—4000 册
定　　价	**28.00 元**

第 2 版 前 言

本书是在《传感器与信号处理电路》(2008 年 3 月中国水利水电出版社出版)的基础上修订编写的。经过近几年的教学实践,作者总结和吸收了各院校教学中的宝贵意见,对其进行了修改。在此,作者向老师们表示衷心感谢。

作者在本书的编写过程中,既注重理论知识的系统性,又注重教材的实用性,使其更适合于教师组织教学和学生自学。全书共 14 章。前 10 章主要讲述传感器原理与应用,包括传感器的基本概念、电阻传感器、电感传感器、电容传感器、光电传感器、压电传感器、磁电传感器、热电式传感器、数字传感器、其他传感器(含霍尔传感器、超声波传感器、光纤传感器);后 4 章主要讲述信号处理电路的基本原理与形式,包括测量电桥、测量放大电路、滤波器、调制与解调。本书可供高等学校电气信息类本科、专科师生使用,也可供电气工程技术人员及电器爱好者参考和自学。

本书由河北农业大学高立艾和沈阳农业大学纪建伟任主编。参加本书编写的人员还有沈阳农业大学王立地、邹秋滢、张大鹏及河北农业大学张梦、张素、孙磊。全书由张曙光教授主审。

由于作者水平有限,书中疏漏和不足之处在所难免,敬请广大读者提出宝贵意见。

作 者

2017 年 4 月

第 1 版 前 言

《传感器与信号处理电路》是高等学校"十一五"精品规划教材之一。本书是在《检测技术》（21 世纪电学科高等学校教材之一，2003 年 1 月中国水利水电出版社出版）的基础上重新修订编写的。经过近几年的教学实践，各学校对《检测技术》提出了许多宝贵的意见，作者总结和吸收了各院校教学中的经验和意见，对其进行了重新编写。

作者在本教材的编写过程中，既注重理论知识的系统性，又注重教材的实用性，使其更适合于教师组织教学和学生自学。全书共 14 章。前 10 章主要讲述传感器原理与应用，包括：传感器的基本概念、电阻传感器、电感传感器、电容传感器、光电传感器、压电传感器、磁电传感器、热电式传感器、数字传感器、其他传感器（含霍尔传感器、超声波传感器、光纤传感器）；后 4 章主要讲述信号处理电路的基本原理与形式，包括：测量电桥、测量放大电路、滤波器、调制与解调。本书可供高等学校电气信息类本科、专科师生使用，也可供电气工程技术人员及电器爱好者参考和自学。

参加本书编写的人员有沈阳农业大学纪建伟、王立地及河北农业大学索雪松、赵睿明、邵利敏、张莉、高立艾、陈俊红等。全书由张曙光教授主审并编写了部分内容。

由于作者的水平有限，书中疏漏和不足之处在所难免，敬请广大读者提出宝贵意见。

作 者

2008 年 1 月

目　　录

第1章 传感器的基本概念

1.1 传感器的定义、构成与分类

传感器是一种将被测量转换成电信号的装置。传感器通常要完成三大任务，首先是将被测量转换为特定的非电量（如应变、位移等），其次是将特定的非电量转换成电参数（如电阻、电感、电容等）或电量，最后将电参数或电量转换成便于传输和处理的标准电压或电流信号。我们把电量信号和被测量之间的关系称为传感器的输出-输入关系，它是一种可用单调函数来描述的稳定关系。

直接感应被测量，并能输出相应非电量的元件称为敏感元件；将敏感元件输出的非电量转换成电参数或电量的元件称为转换元件；把电参数或电量变成标准电压或电流这种有利于传输、显示、记录和处理的电信号是依靠测量电路完成的。因此，传感器一般由敏感元件与转换元件及部分测量电路构成。

如图 1.1-1 所示，弹性悬臂梁在自由端受到外界力 F 的作用时，发生弯曲变形。悬臂梁作为敏感元件直接感受到了外界作用力（被测量）并转换成自身的形变（非电量），其上表面的延展和下表面的收缩程度与外作用力成正比。粘在悬臂梁上表面的电阻应变片将随着悬臂梁上表面的延展而拉长，被拉长的电阻应变片的电阻值变大，这样就将非电量转换成了电参数。在此例中，电阻应变片是转换元件。如果匹配适当的测量电路来提高灵敏度，并补偿环境温度等外界影响，就构成了一个测量作用力 F 的传感器。在悬臂梁的弹性变形范围及规定环境条件下传感器的输出-输入关系可以用一个单调的数学函数关系表达。

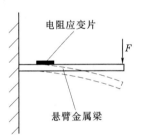

电阻应变片

F

悬臂金属梁

图 1.1-1 弹性悬臂梁

上述测力传感器是电阻式传感器，属于"敏感元件＋转换元件＋测量电路"的 C 型结构的传感器 [图 1.1-2 （c）]，这种结构的传感器还有电位器传感器、电感式传感器、压磁式传感器。有些传感器的敏感元件和转换元件是同一元件，属于 B 型结构的传感器 [图 1.1-2 （b）]，如热敏电阻式传感器、电容式传感器、感应同步器、角度编码器等。B 型和 C 型都是电参数传感器，其转换元件都是无源元件。属于 A 型结构的传感器 [图 1.1-2 （a）]，称为电量传感器，其转换元件多是有源元件。如热电偶、磁电式传感器、光电池和压电式传感器，这些传感器的敏感元件和转换元件是合一的，把感应到的外界非电量的变化直接转换成电流（电荷）或电压（电势）输出。如果将两个传感器构造成一个测量正增益变化（＋Δx），一个测量负增益变化（－Δx），它们的输出（＋Δy 和－Δy）经差动电路处理后再输出，这就是 D 型结构的传感器，也称为差动结构型传感器 [图 1.1-2 （d）]。

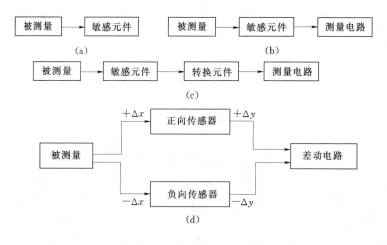

图 1.1-2 传感器的结构类型

(a) A 型；(b) B 型；(c) C 型；(d) D 型

传感器是按照信息转换过程中的特征量或原理来分类的，一般为如下几类：

（1）按被测物理量（输入量）分类。按照被测量的物理性质（位移、速度、温度、压力、流量……）分类的方法，可直接阐明传感器的用途，如位移传感器、速度传感器、负荷传感器、压力传感器、流量传感器、温度传感器等。使用者可以根据被测量选择相对应的传感器。由于可用多种原理来测量某一物理量（如位移），所以很难归纳传感器在原理上的共性。这种分类法不利于学习和掌握传感器的工作原理和分析方法。

（2）按工作原理（转换原理）分类。这种分类方法是按照将被测量转换成电量的转换原理来分类的，如电阻式传感器、电感式传感器、电容式传感器、磁电式传感器、压电传感器等。此方法直接描述了传感器的工作原理，揭示了传感器内部的本质问题，有助于研究人员从基本原理上归纳传感器的共性和特性。

（3）按能量的传递方式分类。将非电量转换成电量的转换元件均可分为两类：有源元件和无源元件。

有源元件是一种能量转换器，可将非电能量转换成电能量。如热电偶可将热能转换成热电势，光电池可将光能转换成光电势等。这类传感器有些是可逆的，如压电材料组成的传感器，受压力（或拉力）时，由于压电材料形体的变化将有电荷产生；当给压电材料通上变化的电流时，其形体将随电流的变化而发生形变。所以这样的传感器，当输入机械能时，通过它可转换成电能；反之，当输入电能时，通过它可转换成机械能。这样具有可逆特性的传感器还有磁电式传感器等。

无源元件本身不是一个换能器。被测量直接或间接的作用引起该元件的某一电参数（电阻、电容、电感、电阻率、介电常数……）的变化，要想获得电压和电流的变化值，必须匹配测量电路和辅助电源。由于它不进行能量转换，因此一般是不可逆的。

本书将按传感器的工作原理，分类讲解和分析其转换原理。学完之后，读者可按被测物理量和能量的传递方式自己归类，以此考核掌握的知识，加深印象，增强灵活应用的能力。

1.2 传感器的特性与性能指标

1.2.1 传感器的一般特性与性能指标

传感器的输出-输入关系特性是传感器最基本的特性。分析这些特性，是为了掌握一种揭示传感器性能指标的方法，从而全面地去衡量传感器的性能差异及优劣。

传感器的特性一般分为静态特性和动态特性两部分。

1.2.1.1 传感器的静态特性与性能指标

静态特性是指被测量和输出量均处于稳定状态时的输出-输入关系，衡量静态特性的重要性能指标是精确度、灵敏度、线性度、重复性、迟滞（滞环）、分辨率与分辨力等。

1. 误差与精确度

严格地讲，无论何种方法，使用何种检测装置，测量得到的结果都与真实的被测量之间存在着一定的偏差。测量值与真值之偏差称为绝对误差 Δx，表示为

$$\Delta x = x - A_0 \qquad (1.2-1)$$

式中　x——实际值，测量得到的结果；

　　　A_0——真值，被测量本身所具有的真正值。

由于存在测量误差，根本不可能测量得到真值 A_0，所以，通常只能用误差非常小的高档标准测量装置所测值 A 看作真值，或将无限次测量结果的算术平均值 A 近似地看做真值。式（1.2-1）改写成

$$\Delta x = x - A \qquad (1.2-2)$$

则称 Δx 为示值误差。

误差描述了测量出来的实际值与真值之间的偏差程度。误差值相同，测量质量谁优谁劣？如测量 10mm 长度时误差是 0.1mm；而测量 100mm 时，误差也是 0.1mm。如果用误差 Δx 与被测量的平均值 A 之比来表示

$$\gamma_A = \frac{\Delta x}{A} \times 100\% \qquad (1.2-3)$$

γ_A 称为实际相对误差。结果测量 10mm 长度的实际相对误差为 1%；测量 100mm 长度的实际相对误差为 0.1%。所以相对误差比绝对误差更能确切地说明测量的质量。

误差 Δx 与测量装置读出的实际值 x 之比，称为示值相对误差。记为

$$\gamma_x = \frac{\Delta x}{x} \times 100\% \qquad (1.2-4)$$

误差 Δx 与测量装置的满量程 x_m 之比，称为满度（或引用）相对误差。记为

$$\gamma_m = \frac{\Delta x}{x_m} \times 100\% \qquad (1.2-5)$$

满度相对误差 γ_m 通常用来说明该测量装置的测量质量。

仪表的精度等级是根据满度相对误差 γ_m 来确定的。我国电工仪表的精度等级按 γ_m 的大小分为七级：0.1、0.2、0.5、1.0、1.5、2.5 和 5.0。例如，0.5 级仪表的引用误差的最大值不超过 ±0.5%，1.0 级仪表的引用误差的最大值不超过 ±1%。工业自动化仪表的精度等级一般在 0.2~5.0 级。

在测量过程中由于传感器设计与制造引起的本身性能的不完善，因为使用方法和安装、调试的不规范，以及使用环境的恶劣等已知因素造成的误差，称为系统误差。产生原因不明确，但服从大多数统计规律的误差，称为随机误差。

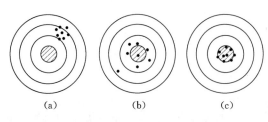

图 1.2-1　精密度、准确度与精确度

如图 1.2-1 所示，被射的靶心表示被测量的真值，而射击的弹孔看作传感器的测量输出实际值。由图 1.2-1（a）可以看出，每次测量的实际值（弹孔）之间偏差是微小的，这种多次测量的一致性用精密度来表示。在图 1.2-1（a）所示测量中精密度很高，但总体偏离真值（靶心）较大。

多次测量的平均值与真值的偏差，多是由系统误差引起的，可以通过补偿等方法予以抵消。传感器生产厂家一般给出其修正公式或参数表。图 1.2-1（b）所示，多次测量中，大部分距真值非常接近，但多次测量的一致性较差，这种测量值与真值的接近程度用准确度表示，在图 1.2-1（b）中说明其测量有一定的准确度，但精密度不够好。其较大的偏离值，多是由随机误差引起的，很难预知它的出现，但可以经多次测量后用滤除法加以消除。如果能够像图 1.2-1（c）那样，多次测量的精密度高，准确度也高，将这种既精密又准确的性能称为精确度（简称精度）。在工程上，往往引用精确度等级（简称精度等级）来说明测量结果的可信程度。该性能指标也适用于动态特性中。

2. 灵敏度和线性度

通常用传感器在静态特性情况下输出的增量与输入（被测量）的增量之比来描述传感器对被测量的敏感程度，称为灵敏度，用 k 表示

$$k = \frac{输出量的变化}{输入量的变化} = \frac{dy}{dx}$$

如果传感器的灵敏度 k 为常数，说明输出-输入关系是一条直线，即

$$y = a_0 + kx \tag{1.2-6}$$

式中　y——输出量；

$\qquad x$——输入量（被测量）；

$\qquad a_0$——零位输出；

$\qquad k$——灵敏度。

k 为常数，可大大简化传感器的理论分析和计算，同时为标定传感器和数据处理带来了方便，这样有利于安装调试，确保测量精度。这就是为什么要将传感器的输出-输入关系作成线性的原因。

实际上许多传感器的输出-输入关系都是非线性的，在不考虑迟滞和蠕变效应的情况下，可用下式表示

$$y = a_0 + a_1 x + a_2 x^2 + a_3 x^3 + \cdots + a_n x^n \tag{1.2-7}$$

式中　a_2、a_3、…、a_n——非线性项的待定系数。

由于传感器的输出-输入特性是非线性的，所以，经常用一条直线来近似地表示实际的曲线。这种方法称为非线性特性的线性化，被采用的直线称为拟合直线。传感器的实际

输出-输入特性曲线，是在静态标准条件下标定的。静态标准条件是：没有加速度、振动、冲击（除非这些参数本身是被测量）、环境温度一般为室温（20±5）℃；相对湿度不大于85%；大气压力为（101327±7800）Pa［（760±60）mmHg］的情况。在这种标准工作状态下，利用一定等级的校准设备，对传感器进行反复循环测试，得到的输出-输入数据一般用表列出或画成曲线。实际曲线与拟合直线之间的偏差为传感器的非线性误差，非线性误差的最大值与传感器满量程（FS）输出之比（%）称为线性度（或称非线性），即

$$e_f = \frac{\Delta_m}{\bar{y}_{FS}} \times 100\% \tag{1.2-8}$$

式中　Δ_m——最大非线性误差；

　　　$\bar{y}_{FS}$——传感器的满量程输出平均值。

由图 1.2-2 可看出，线性度是以拟合直线为基准计算出来的，不同的拟合方法所得到的线性度不同。

下面介绍几种不同线性度的定义和表示方法：

（1）理论线性度（绝对线性度）。通常取零点（0%）为起始点，满量程输出（100%）为终止点，连接这两点的直线（$y=kx$）即为理论直线。理论线性度表示了标定出的实际曲线与理论直线之间的偏差程度［图 1.2-2 (a)］。此方法使用简便，但线性度大，较为粗糙。

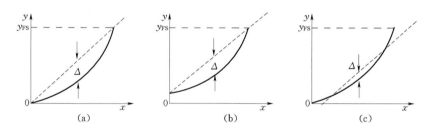

图 1.2-2　不同拟合方法下的线性度

（a）理论线性度；（b）端基线性度；（c）平均选点线性度

（2）端基线性度。取传感器标定出的零点输出平均值为起始点，满量程输出平均值为终止点，连接这两点的直线（$y=a_0+kx$）为端基拟合直线。以此直线为基准可计算出实际曲线与拟合曲线的偏差程度，称为端基线性度［图 1.2-2 (b)］。

（3）平均选点线性度。（1）与（2）两方法的拟合精度不高。为此，将标定出的全部数据分成近似相等的两组，并求出两组的点系中心坐标（$\bar{x}_1$，$\bar{y}_1$）和（$\bar{x}_2$，$\bar{y}_2$），连接两点得到拟合直线，称为平均选点法。该直线为

$$y = a_0 + kx \tag{1.2-9}$$

$$k = \frac{\bar{y}_2 - \bar{y}_1}{\bar{x}_2 - \bar{x}_1}; \quad a_0 = \bar{y}_1 - k\bar{x}_1 = \bar{y}_2 - k\bar{x}_2$$

$$\bar{x}_1 = \frac{1}{m}\sum_{i=1}^{m} x_i; \quad \bar{y}_1 = \frac{1}{m}\sum_{i=1}^{m} y_i; \quad \bar{x}_2 = \frac{1}{n-m}\sum_{i=1}^{n-m} x_i; \quad \bar{y}_2 = \frac{1}{n-m}\sum_{i=1}^{n-m} y_i$$

式中　n——所有数据个数；

　　　m——（$\bar{x}_1$，$\bar{y}_i$）所在点系的数据个数。

以此直线为基准计算的线性度为平均选点线性度［图 1.2-2 (c)］。该方法提高了拟合精

度，计算也比较简便。

（4）独立线性度。选择拟合直线的另一种简单有效的方法是独立直线（端基平移直线）。作两条与端基直线平行的直线，使之恰好包围所有的标定点，然后在这一对平行线之间作一条等距直线，使实际输出特性相对于所选拟合直线的最大正偏差值和最小负偏差值相等，见图1.2-3。以独立直线为基准计算线性度时，应将式（1.2-8）改写为

$$e_f = \frac{|+\Delta_{max}| + |-\Delta_{max}|}{2y_{FS}} \times 100\% \qquad (1.2-10)$$

基准直线还有最小二乘法拟合直线、平均斜率拟合直线等，可参阅相关文献。当标定出的实际曲线比较弯曲时，由上述拟合直线为基准计算出的线性度大，测量精度就会降低。通常可采取将实际曲线分割成段，然后用上述某一种方法分段选取拟合直线（图1.2-3），用分段后的最大线性度代表整体线性度。这种方法称为折线逼近法，通常用精密折点电路实现，在具有CPU的测量装置中可非常方便地用软件实现。图1.2-4所示以端基线为拟合直线的分段线性化方法，不同段的直线表达式 $y = a_0 + kx$ 中的 a_0 和灵敏度 k 是不一样的，可列表编制在计算程序中。

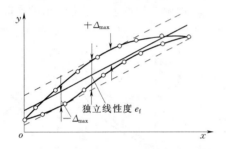

图1.2-3 独立线性度的拟合直线

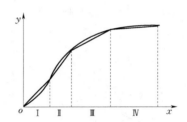

图1.2-4 以端基线为拟合直线
的分段线性化方法

3. 迟滞（滞环）

传感器在正向（被测量增大）和反向（被测量减小）时，输出特性曲线不重合的程度，称为迟滞，或称滞环。如图1.2-5所示，对应同一大小的被测量，由于被测量变化到这一值时的正反方向不相同，使得传感器的输出信号值不同。产生迟滞现象的主要原因有传感器机械部分存在不可避免的缺陷，如轴承摩擦、间隙、紧固件松动、材料的内摩擦、积尘等，以及磁滞和电元件的单向特性等。

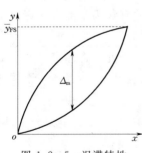

图1.2-5 迟滞特性

迟滞的值通常用多次实验得到正向和反向输出量之间的最大偏差 Δ_m 与满量程输出平均值 $\bar{y}_{FS}$ 的百分比来表示，记为

$$e_t = \frac{\Delta_m}{\bar{y}_{FS}} \times 100\% \qquad (1.2-11)$$

4. 重复性

传感器在被测量按同一方向作多次全量程实验时，所得到的输出特性曲线的不一致程度，用重复性来表示（图1.2-6）。重复性的计算是用多次实验中输出最大不重复误差 Δ_m

与满量程输出平均值的百分比来表示，记为

$$\sigma = \pm \frac{\Delta_m}{\bar{y}_{FS}} \times 100\% \qquad (1.2-12)$$

重复性误差属于随机性的，由于特定的次数不同，其最大偏差值 Δ_m 也不同，所以用标准偏差 σ 来计算重复性指标比较合理，即

$$e_z = \pm \frac{(2 \sim 3)\sigma}{\bar{y}_{FS}} \times 100\% \qquad (1.2-13)$$

式中　σ——标准偏差，$\sigma = \sqrt{\dfrac{\sum\limits_{i=1}^{n}(y_i - \bar{y})^2}{n-1}}$;

n——实验次数；

y_i——第 i 次实验值；

$\bar{y}$——实验值的算术平均值。

σ 前的系数取 2 时，误差完全依从正态分布，置信概率 95%；取 3 时，置信概率为 99.73%。重复性的好坏与许多因素有关，其产生的原因与迟滞相近。

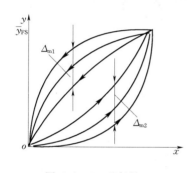

图 1.2-6　重复性

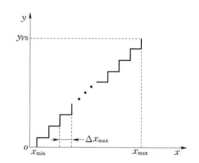

图 1.2-7　线绕电位计式传感器的输出

5. 分辨率与分辨力

线绕电位计式传感器，当输入量连续变化时，输出量却是阶梯变化的（图 1.2-7）。无论输出量是阶梯变化还是离散的数字量或频率量，传感器能够测量到的最小输入变化值 Δx，称为分辨力。它代表了传感器的最小量程，与输入量同量纲。用分辨率表示传感器的分辨质量，通常有平均分辨率和最大分辨率两种表示方法。

平均分辨率为

$$R = \frac{1}{n} \times 100\% \quad （满量程） \qquad (1.2-14)$$

式中　n——传感器在满量程内，输出的阶梯个数。

最大分辨率为

$$R = \frac{(\Delta x)_{max}}{x_{max} - x_{min}} \times 100\% \quad （满量程） \qquad (1.2-15)$$

式中　$(\Delta x)_{max}$——输出的最大阶梯所对应的输入量增量；

x_{max}——输出满量程时对应的输入最大值；

$x_{\min}$——输出量从零开始变化时对应的输入量最小值。

分辨率是一个无量纲的百分数，有的输出连续变化的传感器也给出分辨率。

随着微处理器的发展和应用，V/F 和 A/D 等电路被更多地集成到传感器的测量电路中，输出量是离散的数字量（或频率量）的传感器越来越多，因此，分辨率和分辨力是这些传感器不可缺少的主要性能指标之一。

1.2.1.2 传感器的动态特性与性能指标

在被测量随时间变化的情况下，传感器的输出量跟随输入量变化的能力，用动态性能指标来描述。有些传感器的静态性能指标非常好，但响应时间长，测量变化较快的被测量时，会产生非常严重的动态误差，往往动态误差会比静态误差高几倍，甚至几百倍。

用控制理论中的传递函数 $\Phi(S)$ 来表达传感器的输出-输入关系（图 1.2-8），即

$$\Phi(S) = \frac{Y(S)}{X(S)} = \frac{b_0 s^m + b_1 s^{m-1} + \cdots + b_{m-1} s + b_m}{a_0 s^n + a_1 s^{n-1} + \cdots + a_{n-1} s + a_n} \qquad (1.2-16)$$

$\Phi(S)$ 的分母 $X(S) = a_0 s^n + a_1 s^{n-1} + \cdots + a_{n-1} s + a_n = 0$ 在控制理论中称为系统的特征方程，与输入量 $X(S)$ 和输出量 $Y(S)$ 无关，它决定了传递函数 $\Phi(S)$ 的固有特征，也就是传感器的动态特性和静态特性。传递函数可以用建立传感器的动态数学模型或频域的实验方法来确定。

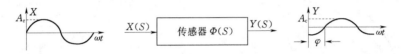

图 1.2-8　传感器的复域输出-输入关系

1. 传感器的时域性能指标

通常用典型的阶跃变化作用于传感器的输入，可得图 1.2-9 中所示的一条传感器输出的阶跃响应特性曲线。图中曲线 1 是一阶系统或过阻尼阶跃响应曲线，曲线 2 为具有振荡特性的阶跃响应曲线，y_0 对应的直线为输出 y 的稳态值。

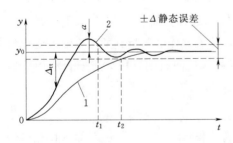

图 1.2-9　阶跃响应与时域性能指标

（1）响应时间 t_s：也称建立时间、调节时间，是指响应曲线开始进入静态误差带，并且不再超越静态误差带的时间（见图 1.2-9 中的 t_1 或 t_2）。在 t_s 时间段内，响应曲线与稳态值的偏差称为动态误差 Δ_{tt}。动态误差是随时间变化的量；在 t_s 时间之后，响应曲线进入静态误差带，动态误差小于静态误差指标，此时的动态特性近似于静态特性。可用静态的拟合直线确定输出-输入关系。响应时间 t_s 反映了传感器响应过程的长短，体现了将被测量转换成电量的快速性。

（2）过冲量（超调量）σ：响应曲线第一次超过稳态值时的峰值是传感器输出量与稳态值偏差最大的值 a（图 1.2-9）。过冲量 σ 用下式计算

$$\sigma = \frac{a}{y_0} \times 100\% \qquad (1.2-17)$$

过冲量表达了传感器在响应过程中超出稳态值的最大正偏差与稳态值的百分比。过冲

越小，响应过程中的正偏差越小，响应的平稳性越好。

2. 传感器的频域特性与性能指标

传感器的输入量为一频率变化的正弦 $x(t)=A_r\sin\omega t$ 作用时，输出响应也为同频率的正弦 $y(t)=A_c\sin(\omega+\varphi)$ 曲线。但由于传感器有一定的响应时间，所以表现为输出曲线迟后于输入曲线相角 φ（图 1.2-10）；同时传感器的输出曲线的幅值 A_c 与输入幅值 A_r 的比值，也与响应时间有关。用 $s=j\omega$ 代入式（1.2-16）可得到频率响应函数 $\varphi(j\omega)$，即

$$\varphi(j\omega)=\frac{Y(j\omega)}{X(j\omega)}=P(\omega)+jQ(\omega) \tag{1.2-18}$$

式中 $P(\omega)$——复数 $\varphi(j\omega)$ 的实部；

$\quad\quad Q(\omega)$——复数 $\varphi(j\omega)$ 的虚部。

用 $A(\omega)$ 和 $\varphi(\omega)$ 表示传感器的幅值和相位随频率 ω 变化的关系，可得

$$A(\omega)=\frac{A_c(\omega)}{A_r(\omega)}=|H(j\omega)|=\sqrt{[P(\omega)]^2+[Q(\omega)]^2} \tag{1.2-19}$$

$$\varphi(\omega)=\arctan\frac{Q(\omega)}{P(\omega)} \tag{1.2-20}$$

对于具有低通特性的传感器，当 $\omega=0$ 时（输入量不变化），传感器的输出-输入关系遵循静态特性关系，此时输出量与输入量之比为 k（灵敏度），即 $A(\omega=0)=k$，则 $20\lg\dfrac{A(\omega=0)}{k}=0\mathrm{dB}$，将图 1.2-10 中的 0dB 水平线视为理想的幅频特性曲线。有些具有带通特性的传感器，随着输入作

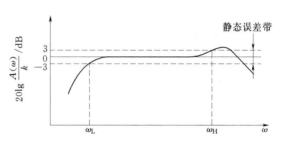

图 1.2-10 传感器的对数幅频特性曲线

用的频率 ω 的增大，幅频特性 $A(\omega)$ 也要变化，见图 1.2-10 中，在 $\omega_L\sim\omega_H$ 段，特性曲线近似平直，说明 $A(\omega)$ 是不随 ω 变化的稳态值。在这段对应的频率范围内传感器的输出不会超越允许的误差带。而在 $0\sim\omega_L$ 及 $\omega_H\sim\infty$ 范围内，$A(\omega)$ 随着 ω 的增大而变化，说明传感器的输出-输入幅值比是变化的，灵敏度随 ω 变化，输出量中有很大的动态误差，且大大超过了允许的误差带。将 ω_L 称为下截止频率，ω_H 称为上截止频率，$\omega_L\sim\omega_H$ 频率区间则称为传感器的通频带（或频响范围）。通常表示为

通频带：$\quad\quad\quad\quad\quad\quad$ ×××Hz～×××Hz（±×××dB）

或 $\quad\quad\quad\quad\quad\quad\quad\quad$ DC～×××Hz（±×××dB）

只有被测量的变化频率（包括有用谐波频率）在传感器的通频带之内，传感器才能真实地将被测量测量出来。

1.2.2 传感器的其他性能指标

由于使用传感器的条件和环境等的差异，对传感器其他性能指标的要求也不同，通常还应考虑的性能指标有以下几项。

1.2.2.1 稳定性

稳定性表示传感器维持其性能参数（如灵敏度、线性度等）长时间不变化的能力。如

在某条件和环境下用"＿＿个月不超过＿＿％满量程输出"给传感器标定的有效期，超过稳定期限，传感器应重新标定其主要的性能参数；否则，测量误差将会超出允许范围，造成测量结果的不精确。

1.2.2.2 零漂

零漂表示在零输入状态下传感器的输出漂移，通常有两种情况。

（1）时间零漂：指在规定时间内，规定的使用条件下传感器的零输出漂移。

（2）温漂：指在其他规定使用条件不变的情况下，温度每增加1℃，传感器的零输出漂移。零漂可以用变化值本身来表示，也可以用变化值与满量程输出的百分比来表示。

1.2.2.3 输入特性

在测量过程中，传感器成为被测对象的负载时，将产生"载荷"效应。如测力传感器测量运动机械的动态力时，由于传感器存在质量 M 和刚性 K，必然要吸收运动机械的部分能量转换成动能和弹性势能。因而，使得被测对象偏离了其本来的工作状态，会给测量结果带来误差。"载荷"效应产生的原因主要是传感器的输入"阻抗"。在测量静态变量（如力、压力等），就像电学中测量电压和电势一样，希望传感器的输入"阻抗"越大越好，这样在单位时间内吸收被测对象的能量就少；相反，测量动态变量（如速度、加速度、流量等），就像电学里测电流，希望传感器的输入"阻抗"越小越好。

1.2.2.4 输出特性

传感器的输出端都要与一些后续的处理电路、传输电路或仪表等相连接。因此，存在传感器的输出阻抗与后续装置输入的匹配问题。选择传感器时，要了解传感器的输出电量的形式和输出阻抗值。

1.2.2.5 可靠性

可靠性指规定的工作条件和工作时间内传感器保持原有性能指标的能力。传感器在有效的寿命期内，如不超过规定的工作条件，其测量结果应是真实可信的。传感器作为任何系统的主要部件其可靠性将影响系统的寿命，可靠性指标应得到使用者的重视。

1.2.2.6 对环境的要求

由于传感器的工作原理及结构等的不同，受外界因素（温度、湿度、磁场振动、化学腐蚀、防爆、防火等）的影响不同。使用传感器时，必须了解传感器的使用条件，针对使用环境合理地选择传感器。

1.2.2.7 安装要求

选用的传感器应易于安装、维护和更换。

1.3 传感器的发展趋势

21世纪是人类社会全面进入信息电子化的时代，人们普遍认为现代信息技术的三大基础是信息采集（传感器技术）、信息传输（通信技术）和信息处理（计算机技术）。因此，传感器成为发达国家重点研究和开发的尖端技术之一。随着新型敏感材料的开发，以及微电子机械系统（MEMS）技术、纳米技术、生物技术、光电子技术、集成技术和数据融合、人工智能等技术在传感器领域的应用，使得传感器已经从经典的单一功能型转向多功能复合型，向着微型化、数字化、智能化、网络化、标准化等方向发展。

1.3.1 新型传感器的发展方向与特点

1.3.1.1 微型化

微型化是建立在微电子机械系统（MEMS）技术基础上，包括体微机械加工技术、表面微机械加工技术、LIGA 技术（X 光深层光刻、微电铸和微复制技术）、激光微加工技术和微型封装技术等。

1988 年首例转子直径为 $128\mu m$、转速可达 $600r/min$ 的微型马达诞生，随之以后 MEMS 器件不断被研制成功，这一技术也开始在传感器领域得到应用。美国斯坦福大学已把过去相当大的连搬运都困难的气相色谱仪集成在直径 5cm 的硅片上，制成超小型气相色谱仪。

意法半导体（简称 ST）在 2015 年年底推出了市场最小的无尘防水气压传感器 LPS22HB，其外形与尺寸见图 1.3-1（a），采用全压塑封装，体积不到 $3mm^3$。图 1.3-1（b）为气压传感器 MEMS 芯片部分，图 1.3-1（c）为气压传感器 ASIC 芯片部分。图 1.3-2 是该传感器的原理框图。LPS22HB 具有温度补偿功能，在不断变化的环境中仍可保持性能的稳定；量程在 $260\sim1260hPa$（绝对压力）之间，覆盖所有可能的实际应用高度（从最深的矿井到珠穆朗玛峰）；不到 $5\mu A$ 的低功耗；压力噪声低于 1Pa RMS；耐撞击能力大于 20000g。能够实现楼层识别与适地性服务，提高航位推测的准确度，可应用在天气分析器、健康与运动监控器及智能型手机的应用等领域。

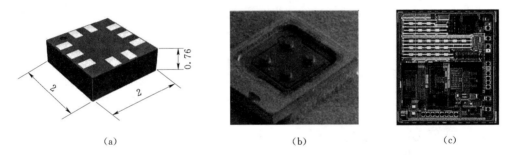

图 1.3-1　LPS22HB 气压传感器（单位：mm）

（a）外形及封装尺寸；（b）MEMS 部分；（c）ASIC 部分

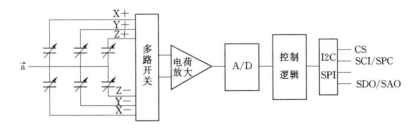

图 1.3-2　LPS22HB 气压传感器原理框图

1.3.1.2 集成化、智能化以及多功能

利用微电子技术，将敏感元件与补偿元件、测量电路、A/D、存储器、微处理器以及网络通信接口电路等集成在一起，体积不断变小、集成度不断提高，同时精度、稳定性、

可靠性也越来越好。

早期的模拟集成温度传感器 AD590 是把电流镜电路与感温元件结合并集成在一起，使用起来非常简单、精度高、非线性极小。还有将 A/D、存储器、信号处理和接口电路集成在一起的数字温度传感器，如 DS1624、DS1629（含实时时钟）等。

上海矽睿科技有限公司在 2014 年年底推出的三轴单芯片磁传感器 QMC7983，是一款将 AMR（磁阻）技术与传感器信号处理的 ASIC（集成电路）集成的三轴单芯片磁传感器。其尺寸只有 1.2mm×1.2mm×0.55mm，8-pin WLCSP 封装；磁场感测范围在±16Gs，16 位模数转换实现了 2mGs 的分辨率；可支持电子罗盘，具有 1°～2° 的定向精度；I^2C 数据通信模式，最高支持 200Hz 数据传输频率；应用温度范围 -40℃～+85℃，具有温度自动补偿功能，灵敏度和零点已校准；工作电压范围在 2.4～3.6V，工作模式下电流为 75mA。可用作智能手机、平板电脑等移动智能终端及可穿戴电子设备上，也可用作 GPS 导航和磁场探测应用，以及智能交通系统等。

意法半导体（简称 ST）在 2012 年推出的 INEMO-M1 板级系统产品，是一款 9 轴运动传感板载系统，见图 1.3-3。这款 13mm×13mm×2mm 的微型模块整合了 1 颗 6 轴地磁传感器（LSM303DLHC）、1 颗 3 轴陀螺仪（L3GD20）和 1 颗市场领先的 STM32 ARM-Cortex 微控制器，其系统框图见图 1.3-4。通过在 32 位处理器内嵌入专用的传感器融合软件，传感器模块可进一步提高检测精度。该软件可整合所有传感器的输出数据，运用先进的预测和滤波算法自动修正测量失真和误差。能够检测并处理线性加速度、角速度、地球重力和航向，让用户能够精确地检测三维方向位置和运动。

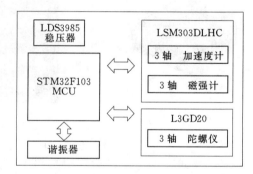

图 1.3-3　INEMO-M1 板级系统　　　　图 1.3-4　系统框图

1.3.1.3　网络化、可移动

随着无线传感器网络（WSN）技术的服务协议支撑技术及应用支撑技术的不断完善，一些无需连线、易于布置、可移动、低功耗的无线传感器被不断开发出来，并应用在环境监测、应急救灾、智能家居、设施农业、工业监控、医疗护理等各个方面。

东芝在 2014 年日本东京医疗展中展出的一款具有防水功能的小型可穿戴式生物传感器，采用蓝牙技术（Bluetooth® ver3.0）实现了监测数据与智能手机或电脑的互联，可同时连续监测心电图、脉搏波、体动、皮肤温度等人体信息。该传感器采用了根据各检测对象将性能指标不同的生物传感器模拟前端集成在一块芯片上的技术，封装于外形只有约 25mm×60mm、重量仅约 10g 的小型轻量机壳内。见图 1.3-5。

1.3.1.4 新材料、新技术

利用新材料研制传感器的敏感元件是新型传感器发展的重要途径，以往不可获取的信息通过新材料制成的传感器变成可以测量。而新技术创新和改进了传感器感知信息的原理和方法，推出了新一代的光纤、生物、超导、面阵、射频的传感器等许多性能更先进的新型传感器。

石墨烯就是近年备受各行各业关注的新型材料，它是只有一个碳原子厚度、蜂窝状

图 1.3-5　东芝无线生物传感器模块

点阵结构的二维纳米碳材料，可以翘曲成零维的富勒烯，卷成一维的碳纳米管或者堆垛成三维的石墨，因此石墨烯是构成其他石墨材料的基本单元，见图 1.3-6 所示。石墨烯碳碳键长度仅为 1.42Å，其结构非常稳定。抗拉强度和弹性模量远远大于普通钢，而碳原子之间的连接虽然柔韧，但拉伸应变比金属低，延展性小于 30%。石墨烯全新的电学属性可能成为新的半导体材料，电子在其中的运动速度达到了光速的 1/300，远远超过了电子在一般导体中的运动速度。其电子迁移率也大于硅、锗及砷化镓等化合物半导体，导热性能也远大于这些半导体，温度稳定性高。单层石墨烯对可见光以及近红外波段光垂直的吸收率仅为 2.3%，对所有波段的光无选择性吸收。

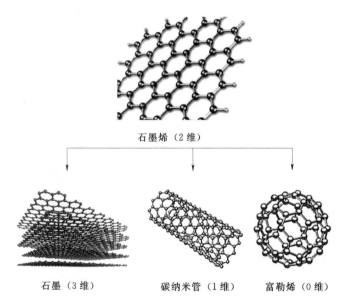

石墨烯（2 维）

石墨（3 维）　　碳纳米管（1 维）　　富勒烯（0 维）

图 1.3-6　石墨烯与石墨材料

在电化学检测各种生物分子（DNA，H_2O_2、葡萄糖、DA 等）方面利用石墨烯电化学窗口宽、电荷传递电阻小、电催化活性高和电子转移速率快等优异的电化学性能，作为电化学传感器电极的修饰材料。因为石墨烯组分的存在加快了电极的电荷传递速率及电催化活性，促进了电极与检测物间的相互作用，增强了电极的电化学稳定性，降低了电极的

内部电阻，从而提高了电化学检测的灵敏度与（或）选择性，拓宽了检测范围，降低了检测限。

北京碳世纪科技有限公司在 2016 年 12 月 6 日发布了"石墨烯表面波探测技术"，该技术可以替代基于传统 SPR（Surface Plasmon Resonance）技术的探测系统，又远高于SPR 的响应速度和灵敏度。有望在生活、工业、化学、生物、医学等领域得到应用。

富士通公司 2016 年推出了基于石墨烯原理开发的超灵敏气体传感器，传感器硅晶管的绝缘栅由石墨烯代替，见图 1.3-7。当气体分子附着在石墨烯上时，改变了石墨烯的功函数，引起了硅晶管的阈值变化。当气体从石墨烯层脱离后，石墨烯又会恢复到原始状态。它能够探测浓度低于 10ppb 的 NO_2 和 NH_3。其对于 NO_2 的灵敏度更是提高了十余倍，探测浓度低于 1ppb。为开发能够快速、灵敏地检测特定气体组分的紧凑型仪器开辟了道路。

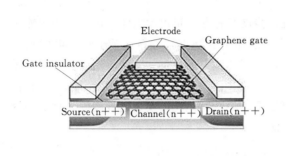
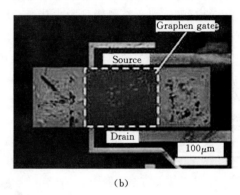

(a)　　　　　　　　　　　　　　(b)

图 1.3-7　石墨烯绝缘栅传感器

(a) 结构图；(b) 扫描电镜显微照片

1.3.2　智能传感器

智能传感器可以简单地认为是"电五官"与"微电脑"的有机结合。虽然对它没有一个严格的定义，目前普遍认为它应具有如下功能：

（1）自补偿功能：通过内部自动补偿软件实现温度漂移、非线性、响应时间的自动补偿。

（2）自校准功能：通过内部自校准软件实现传感器在线自动校准。

（3）自诊断功能：通过内部自诊断软件，在上电或设定时刻实现传感器各个功能元件运行情况的监测，并对故障进行预处理和报警。

（4）数值处理功能：通过内部数据处理软件，根据需要实现对数据的滤波、分解或合成、统计、均值、压缩等数据处理和逻辑处理。

（5）数据融合功能：通过内部数据融合软件，综合其他参量（包含外部参量）来校正、补偿测量数据局限性、不确定性，从而提高传感器的精度和可靠性。

（6）数据存储功能：能够存储和记忆一定数量的数据和设置参数。

（7）数据通信功能：通常通信应该是双向的、标准化、可设定模式的，有可方便与任何标准网络进行连接的通信模块。

（8）数据输出功能：数据输出模式可设定为各种通用的标准模式，可以方便地与计算机接口。

（9）友好的人机界面：方便用户设定参数，易于调试、运行、维护。

智能传感器的产生源于分散处理数据和分布式控制的要求，如飞船的姿态、速度、位置、舱内温度、湿度、压力、气体成分等各种数据，既需要大量的传感器来测量，又需要大量的计算处理。实际上将大量的数据预处理内置于传感器，只把有用的信息传给计算机，相当于多个传感器进行数据并行处理，这样计算机不但节省出时间，同时降低了成本，提高了可靠性。典型智能传感器原理框图如图1.3-8所示。

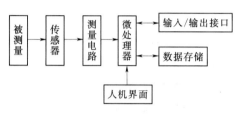

图1.3-8　智能传感器原理框图

智能传感器不一定必须具有上述所有功能，而是根据需要具有上述部分功能就可以了，它是传感器升级换代和新型传感器开发的一个方向。

智能传感器的用途不同，其敏感元件的结构与工作原理也不同，所以它的硬件组成形式会有所差异。常见的结构形式有模块组合型、集成一体型、模块组合与集成混合型。

1）模块组合型流量传感器结构图如图1.3-9所示。它实际上是一个非常典型的单片机应用系统与传感器有机结合的例子。

2）集成一体化的智能传感器结构如图1.3-10所示。它将敏感元件、信号传送、存储和运算放大等功能集成在一块半导体芯片上，把平面集成发展为三维集成，实现了多层结构的微型CCD成像仪。

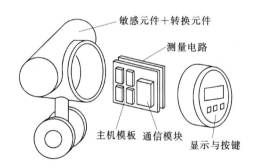

图1.3-9　模块组合型流量传感器结构图

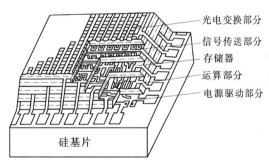

图1.3-10　集成一体化的智能传感器结构图

3）双轴倾角传感器结构如图1.3-11所示。这种传感器是由两个相隔仅为3mm密封焊接的拱状构成，下层的聚酯塑料拱形板有4块电容板，而上层的铝拱形则作为一个公共端。将高绝缘常数的液体密封入拱形夹层内，并形成约占1/4空间的气泡位于中间，当倾斜时，气泡从一侧移到另一侧，输出角度信号。电路原理如图1.3-12所示。

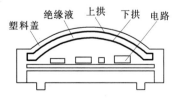

图1.3-11　双轴倾角传感器

另外，研究和开发具有自感知、自诊断、自适应智能功能的材料，即材料本身就可以

15

构成一个智能传感器，或者与敏感材料一起构成有一定智能的传感器，被称为智能结构技术。智能结构主要由三个功能单元组成：敏感单元，制动器单元，信号处理单元。制动器单元的作用是在外加信号的激励下，产生应变或位移变化，从而使整体结构改变自身的状态或特性，实现自适应功能。目前可使用的应变制动材料有形状记忆金属、压电材料、电致伸缩、磁致伸缩和电磁流变体，具有智能结构的传感器也是智能传感器发展的一个重要方向。

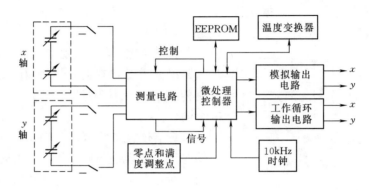

图 1.3-12　双轴倾角传感器原理图

习　　题

1. 叙述传感器的定义及传感器的组成。

2. 叙述传感器的静态特性和动态特性的定义。研究静态及动态特性有何意义？

3. 绝对误差与相对误差有区别吗？研究测量误差的意义是什么？

4. 重复性与迟滞特性有什么区别？

5. 分辨率与分辨力的区别是什么？

6. 线性化的意义是什么？线性化的方法有哪些？

7. 如果一块精度等级为 1.0 级 100mA 的电流表，其最大误差在 50mA 处为 1.4mA，试问这块电流表是否合格？

8. 被测电压的实际值为 10V，现有 150V，0.5 级和 15V，2.5 级两种电压表，问选择哪一电压表误差较小？

第 2 章 电 阻 传 感 器

电阻传感器的共同特点是将被测量转化为电阻值的变化，然后再通过测量电阻值来得到被测量的变化。能导致电阻变化的原因很多，如应力、温度、湿度、光照、磁场等，因此在检测和控制系统中得到了广泛的应用。

2.1 电 阻 应 变 传 感 器

电阻应变传感器由电阻应变片和测量电路两部分组成。电阻应变片是将被测量作用下产生的弹性应变变化转换成电阻变化的转换元件，它分为金属电阻应变片和半导体应变片两大类。用应变片进行测量时，需将应变片与弹性元件的表面连接为一体，当弹性元件受力变形时，应变片的敏感栅也随同变形，电阻发生相应变化。通过测量电路，最终将应变转换为电压或电流的变化，从而得出被测参数值来。

电阻应变传感器可以用来测量力、扭矩、压力、位移、速度、加速度及振幅等各种物理量。由于它灵敏度高、测量范围广、频率响应快，所以既适用于静态测量，也适用于动态测量。

2.1.1 电阻丝应变片结构及电阻应变效应

电阻丝应变片是电阻应变传感器的转换元件，结构如图 2.1-1 所示。它是用直径 0.02～0.04mm 的高电阻率金属丝构成。金属丝排列成栅形以获得高阻值，并粘贴在基片上，两端焊接有引出导线，敏感栅上贴有保护膜。l 为应变片的标距或工作基长；b 为基宽，$b×l$ 为应变片的使用面积。应变片在未粘贴前室温下测得的静态电阻值被称为初始电阻，常见的有 60Ω、120Ω、200Ω、250Ω、600Ω 和 1000Ω 等几

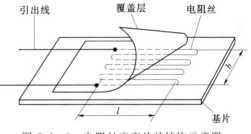

图 2.1-1 电阻丝应变片的结构示意图

种。当金属丝受力发生变形后，电阻值也随之变化，这种现象称为电阻应变效应。

设有均匀单根电阻丝，原始电阻值为

$$R = \rho \frac{l}{S} \qquad (2.1-1)$$

式中 ρ ——电阻率，Ωm；

    l ——电阻丝长度，m；

    S ——电阻丝的截面积，m²。

当电阻丝受到均匀的拉伸或压缩以后，不但其几何尺寸发生变化，而且电阻 R 也将发生变化。对式（2.1-1）进行全微分后，得出

$$dR = \frac{\rho dl}{S} - \frac{\rho l dS}{S^2} + \frac{l d\rho}{S} \qquad (2.1-2)$$

用相对变化量表示，得

$$\frac{dR}{R} = \frac{dl}{l} - \frac{dS}{S} + \frac{d\rho}{\rho} \qquad (2.1-3)$$

对于半径为 r 的圆形截面电阻丝（$dS = 2\pi r dr$），得

$$\frac{dS}{S} = 2\frac{dr}{r} \qquad (2.1-4)$$

设 $\varepsilon_x = \dfrac{dl}{l}$ 为电阻丝的轴向应变；$\varepsilon_y = \dfrac{dr}{r}$ 为电阻丝的径向应变。当电阻丝沿轴向伸长时，则沿径向缩小，用泊松比 μ 来描述轴向伸长和径向缩小两者之间的关系为

$$\varepsilon_y = -\mu\varepsilon_x$$

代入式（2.1-3），得

$$\frac{dR}{R} = \varepsilon_x - 2\varepsilon_y + \frac{d\rho}{\rho} = \varepsilon_x + 2\mu\varepsilon_x + \frac{d\rho}{\rho} = (1+2\mu)\varepsilon_x + \frac{d\rho}{\rho} \qquad (2.1-5)$$

令

$$K = 1 + 2\mu + \frac{d\rho/\rho}{\varepsilon_x}$$

则式（2.1-5）可写成

$$\frac{dR}{R} = K\varepsilon_x \qquad (2.1-6)$$

式中 K——电阻丝的应变灵敏系数。

显然，K 的大小受两个因素影响：一是 $1+2\mu$，由电阻丝几何尺寸决定的；另一个是 $\dfrac{d\rho/\rho}{\varepsilon_x}$，它表示为电阻率随应变产生的变化，称为压阻效应。对金属材料而言，前一项为主，而对半导体材料而言，后一项为主。对于大多数电阻丝而言，$1+2\mu$、$\dfrac{d\rho/\rho}{\varepsilon_x}$ 均为常数，因此 K 也是常数。在弹性变形范围内，泊松比 $\mu = 0.3 \sim 0.5$，$\dfrac{d\rho/\rho}{\varepsilon_x}$ 往往很小，可以忽略不计，所以 K 的数值在 $1.6 \sim 2.0$。ε_x 是一个无量纲的数，其值很小，在应变测量中常用微应变 $\mu\varepsilon$ 来表示。一个 $\mu\varepsilon$ 相当于长度为 1m 的试件变形 $1\mu m$（即 $1\mu\varepsilon = 1 \times 10^{-6}\varepsilon$）。

2.1.2 电阻应变片的种类

电阻应变片的种类繁多，分类方法各异，下面介绍几种常见的应变片及特点。

2.1.2.1 电阻丝应变片

此类应变片一般做成 U 形、V 形或 H 形，最常用的为 U 形，如图 2.1-2 所示。根据基片材料的不同又可把应变片分为：纸基、纸浸胶基和胶基等几种类型。纸基的应变片制造简单、价格便宜、易于粘贴，但耐热性和耐潮湿性不好，一般多在短期的室内试验中使用。如在其他恶劣环境中使用，必须采取有效的防护措施，使用温度一般在 70℃ 以下。用酚醛树脂或聚酯树脂等胶液将纸进行渗透、硬化等处理后，纸基的应变片的特性得到很大改善，使用温度可达到 180℃，抗潮湿性能也较好，并且可长期使用。应变片的基片也可以用环氧树脂、酚醛树脂和聚酯树脂等有机聚合物的薄片直接制成，其性能基本上与纸

浸胶基的应变片相同。表 2.1-1 给出了制造电阻丝应变片的几种电阻丝材料性能。

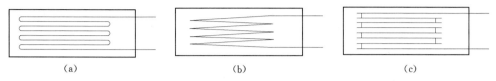

图 2.1-2 几种常见的金属丝应变片
(a) U 形；(b) V 形；(c) H 形

表 2.1-1　　　　　　　　制造电阻丝应变片的几种电阻丝材料性能

材料名称 (成分%)	康铜 (Cu60，Ni40)	镍铬合金 (Ni80，Cr20)	镍铬铝合金 (Ni74，Cr20，Al3，Fe3)	铂 (Pt100)	铂钨合金 (Pt92，W8)
灵敏系数 K	1.7～2.1	2.1～2.4	2.3～2.6	4～6	3.5
电阻系数 $\rho/(\Omega \cdot mm^2/m)$	0.47～0.51	0.9～1.1	1.24～1.42	0.09～0.11	0.68
电阻温度系数/(10^{-6}/℃)	±20	110～150	±20	3900	227
线膨胀系数/(10^{-6}/℃)	14.9	14.0	10	—	—

表 2.1-1 所列材料中，康铜用得最多，因为这种材料的应变灵敏系数比较稳定，并能在弹性范围和塑性范围内保持不变。另外，康铜的电阻温度系数小且稳定，因而测量时温度误差小。由于电阻丝很细，所以允许流过的安全电流一般为 10mA（直径为 0.02mm时）到 40mA（直径为 0.04mm 时）之间。

2.1.2.2　金属箔式应变片

金属箔式应变片工作原理和电阻丝式应变片相同，其结构如图 2.1-3 所示。它是用很薄的金属箔片，通过光刻技术、腐蚀等工序制成的金属箔栅，金属箔的厚度一般在0.003～0.01mm，基片和覆盖片多为胶质膜基片，其厚度多在 0.03～0.05mm。与电阻丝式应变片比较，箔式应变片的特点是：

（1）金属箔栅很薄，当箔材和丝材具有同样的截面积时，箔材与粘接层的接触面积要比丝材大，使它能很好地和弹性体共同工作。其次，箔材的端部较宽，横向电阻应变效应相应较小，因而提高了应变测量精度。

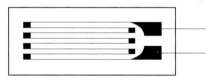

图 2.1-3　金属箔式应变片
结构示意图

（2）箔材表面积大，散热条件好，允许通过较大的电流，因而可输出较强的信号，提高了测量精度。

（3）采用光刻技术，可做成任何精确的形状，便于成批生产，特别是为制造应变花和小标准应变片提供了可能，从而扩大了应变片的使用范围。

（4）由于是用薄箔片制成，柔性好，可贴于各种形状的试件上。

其缺点是生产工序较复杂，引出线的焊点采用锡焊，不适于高温下测量。此外，价格较贵。

几种常用的国产应变片的技术数据列于表2.1-2中。

表2.1-2 几种常用的国产应变片的技术数据

型　　号	敏感栅结构形式	电阻值/Ω	灵敏系数 K	线栅尺寸 bl/mm^2
PZ-17	四角线栅、纸基	120±0.2	1.95~2.1	2.8×27
8120	四角线栅、纸基	118	2.0±1%	2.8×18
PJ-120	四角线栅、纸基	120	1.9~2.1	3×12
PJ-130	四角线栅、纸基	320	2.0~2.1	11×11
PJ-5	箔式	120±0.5	2.0~2.1	3×5
2×3	箔式	87±0.4%	2.05	2×3
2×1.5	箔式	35±0.4%	2.05	2×1.5

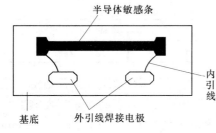

图 2.1-4 半导体应变片结构示意图

2.1.2.3 半导体应变片

图 2.1-4 为半导体应变片的结构示意图。半导体应变片主要用硅半导体材料的压阻效应制作而成。如果在半导体晶体上施加作用力,晶体除产生应变外,其电阻率会发生变化。这种由外力引起半导体材料电阻率变化的现象称为半导体的压阻效应。不同类型的半导体,施加不同的载荷方向,压阻效应也不一样。压阻效应大小一般用压阻系数表示。对于简单的拉伸与压缩,当半导体应变片只沿纵向受到力的作用时,电阻率的相对变化与作用力的关系为

$$\frac{\Delta\rho}{\rho} = \pi_l\sigma = \pi_l E\varepsilon \qquad (2.1-7)$$

式中　π_l——纵向压阻系数;

　　　　σ——应力;

　　　　E——半导体材料的弹性模量;

　　　　ε——沿半导体小条纵向的应变。

如果半导体应变片是具有一定尺寸的电阻率为 ρ 的棒状物,则在应力作用下的电阻相对变化与金属材料的应变效应相同,即可用下式表示

$$\frac{\Delta R}{R} = (1+2\mu)\frac{\Delta l}{l} + \frac{\Delta\rho}{\rho} \qquad (2.1-8)$$

将式(2.1-7)代入式(2.1-8)得

$$\frac{\Delta R}{R} = (1+2\mu+\pi_l E)\varepsilon \qquad (2.1-9)$$

式(2.1-9)右边括号中的第一、第二项是由材料几何尺寸变化引起的,第三项为压阻效应的影响,其值远大于前两项之和,故可略去前两项。因此半导体的灵敏系数 K 可表示为

$$K = \pi_l E \qquad (2.1-10)$$

半导体应变片的灵敏系数不是一个常数，在其他条件不变的情况下，它也会随应变片所承受的应变大小和方向不同而有所变化，如图 2.1-5 所示。在 $600\mu\varepsilon$ 以下时，灵敏度的线性很好，在 $600\mu\varepsilon$ 以上时，其非线性很明显，而且在拉应变方向上上翘，在压应变方向上下跌。

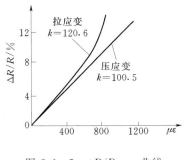
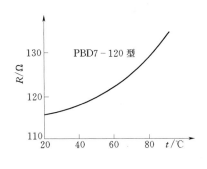

图 2.1-5　$\Delta R/R - \mu\varepsilon$ 曲线　　　　图 2.1-6　R-t 曲线

半导体应变片的阻值较大，可达 $5\sim50\mathrm{k}\Omega$，灵敏系数 K 高达 100 以上，可测微小应变；此外它的机械滞后小，响应速度快，响应时间可在 $10^{-11}\mathrm{s}$ 数量级，常用于制作高频率传感器。它的主要缺点：一是温度稳定性差，其电阻值随温度的变化如图 2.1-6 所示；二是灵敏度的非线性大，所以在使用时，必须采用温度补偿和非线性补偿措施。在实际测量中是否选用半导体应变片，要根据测量内容、精度要求、试验环境等因素，并结合半导体应变片的特点而定。

2.1.3　电阻应变传感器使用注意事项

2.1.3.1　测量电路

由于电阻应变传感器的灵敏系数比较小（$K\approx2$），轴向应变（$\varepsilon=\mathrm{d}l/l$）在 $10^{-6}\sim10^{-3}$ 范围时，电阻变化（$\Delta R=K\varepsilon R$）为 $5\times10^{-4}\sim10^{-1}\Omega$，要想精确地测量，通常采用电桥测量电路。半导体应变片的灵敏系数要比金属应变片的灵敏系数高几十到几百倍，可使用多种测量电路，但是其温度系数较大，所以温度补偿电路是不能缺少的。

2.1.3.2　应变片的粘贴和使用应注意的几个问题

1. 应变片的粘贴

被测试件贴片处表面应打平，仔细地除去油漆、氧化皮、电镀层、锈斑、污垢等覆盖层及油污。选用黏合剂时要根据应变片的工作条件、工作温度、潮湿程度、有无化学腐蚀、稳定性要求、加温加压固化的可能性、粘贴时间长短要求等因素来考虑。黏合剂要涂抹均匀，底层的涂法应根据不同黏合剂和选用的应变片来进行。涂抹过厚的黏合剂将会影响被测试件的应变准确地传递给应变片。

2. 引出线的连接

引出导线与应变片电阻丝焊接时产生的应力易使电阻丝折断，这是由于截面积不同而引起的应力集中或导线加热（锡焊或点焊）引起材料变化或两者兼有。因此，除注意选择引线材料，还要重视连接方式。如采用双引线、多点焊接、过渡引线等方式，或将应变电阻丝套入镍制空心管子内，挤压管子成为牢固连接。引出线多用直径为 $0.15\sim0.3\mathrm{mm}$ 的镀锡软铜线。连接好后，常用专用的固定装置或胶带等把引出线和连接线固定起来。

3. 应变片的保护

在常温下的保护主要是防潮湿,应变片因受潮而使绝缘电阻降低,导致测量灵敏度降低、零漂增大等,甚至电桥不能平衡,无法正常工作。所以防潮保护也是正常测量所必需的。常用中性凡士林、石蜡等涂料、环氧树脂防潮剂等进行密封保护。

2.1.3.3 电阻应变片的主要参数和特性

1. 初始电阻

应变片的初始电阻是指应变片未粘贴前在室温下测得的静态电阻值,金属应变片常见的阻值有 60Ω、120Ω、250Ω、350Ω、600Ω 和 1000Ω 等类型。半导体应变片常见的阻值有 120Ω、350Ω 和 1000Ω 等类型。

2. 允许工作电流

电阻应变片允许工作电流又称为最大工作电流,是指允许通过应变片而不影响其工作特性的最大电流值。一般金属应变片静态测量时的允许工作电流为 10mA(直径为 0.02mm)到 40mA(直径为 0.04mm)之间,动态测量可以高一点。箔式电阻应变片的允许工作电流比金属丝电阻应变片的允许工作电流要大许多。选取工作电流还应注意被测试件的导热情况,对于导热好的被测试件,可以选得大一些;对于不易导热的材料,要取得小一些。

3. 线性度

应变片的线性度是指试件产生的应变和电阻变化之间的直线性。在大应变条件下,非线性较为明显。对一般应变片,非线性限制在 $0.05\% \sim 1.00\%$ 以内,用于制造传感器的应变片,其值最好小于 0.02%。半导体应变片的非线性较大,多使用非线性校正电路进行校正。

4. 应变极限

粘贴在试件表面上的应变片,所能测量的最大真实应变值,称为应变极限。在恒温的试件上,施加均匀且较慢的拉伸载荷,当指示应变值大于真实应变值 1% 时,该真实应变值作为该批应变片的应变极限。如果超过应变极限,测量将会出现较大的非线性和测量误差。半导体应变片较脆,会因为大的变形而断裂。

2.1.4 应变式传感器的应用

电阻应变片在非电量的电测技术中,除了能测定试件的应变和应力外,还可以把应变片贴到传感器的受力结构(弹性元件)上制成各种应变式传感器,从而测量应变以外的物理量,如力、扭矩、位移、压力和加速度等。下面仅以力、位移和加速度应变式传感器为例加以介绍。

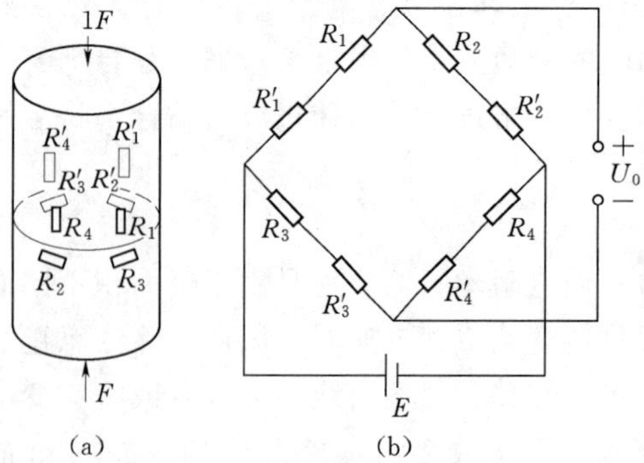

图 2.1-7 柱式弹性元件

2.1.4.1 测力传感器

测力传感器常用弹性敏感元件将被测力的变化转换为应变量的变化。弹性元件的形式有柱式、悬臂梁式、环式等多种。其中柱式弹性元件,可以承受很大载荷。如图 2.1-7(a)所示，应变片粘贴于圆柱面中部的四等分圆周上，每处粘贴一个纵向应变片和一个横向应变片，将这 8 个应变片接成图 2.1-7（b）的全桥测量电路。当柱式弹性元件承受压力后，圆柱纵向应变为 ε，各桥臂的应变分别为 ε_1、ε_2、ε_3 和 ε_4，其输出应变（详细推导参见第 11 章）为

$$\varepsilon_0 = \varepsilon_1 - \varepsilon_2 - \varepsilon_3 + \varepsilon_4 = 2(1 + \mu)\varepsilon \tag{2.1-11}$$

将圆周上相差 $180°$ 的两个应变片接入一个桥臂，可以减少载荷偏心造成的误差。同时，消除了由于环境温度变化所产生的虚假应变，提高了测量的灵敏度和精度。

2.1.4.2 位移传感器

位移传感器与测力传感器的原理基本相同，但要求弹性元件有较大的刚度。位移传感器的弹性元件同样可以采用不同的形式，如梁式、弓形、弹簧组合式等。

梁式弹性元件的位移传感器，适于测小位移，弓形弹性元件的位移传感器常用来测量材料的机械性能。它们在测量大位移时，都会出现失真，而弹簧组合式位移传感器，可以测量大位移。

弹簧组合式位移传感器的结构原理如图 2.1-8

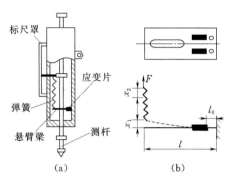

图 2.1-8　弹簧组合式位移传感器

所示。当测点位移传递给测杆后，测杆带动弹簧，使弹簧伸长，并使悬臂梁产生弯曲变形。因此，测点的位移为弹簧伸长量和悬臂梁自由端位移之和，即

$$x = x_1 + x_2 \tag{2.1-12}$$

式中　x_1——悬臂梁自由端的位移；

x_2——弹簧的伸长量。

如果悬臂梁的刚度为 K_1，弹簧的刚度为 K_2，则悬臂梁上的作用力为

$$F_1 = K_1 x_1$$

弹簧上的作用力为

$$F_2 = K_2 x_2$$

由于二力相等，则

$$x_2 = \frac{K_1}{K_2} x_1 \tag{2.1-13}$$

将式（2.1-13）代入式（2.1-12）得

$$x = \left(1 + \frac{K_1}{K_2}\right) x_1 \tag{2.1-14}$$

可见，若选 $K_2 \ll K_1$ 时，能使悬臂梁的端点位移很小，而测量的位移却很大，还能保持很好的线性关系。

如果在悬臂梁固定端附近的上下表面，各粘贴两个应变片，并接成全桥线路，由力学公式可得到其自由端位移 x_1 与输出应变 ε 的关系为

$$x_1 = \frac{l^3}{6(l - l_0)} \varepsilon \tag{2.1-15}$$

式中 l——悬臂梁的全长；

l_0——悬臂梁固定点到应变片中心处的距离。

代入式（2.1-14）可得被测位移 x 与输出应变 ε 之间的关系为

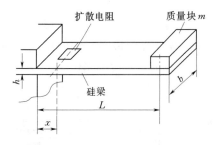

图 2.1-9 悬臂梁结构原理图

$$x = \frac{(K_1 + K_2)l^3}{6K_2(l - l_0)}\varepsilon \qquad (2.1-16)$$

2.1.4.3 加速度传感器

图 2.1-9 是以半导体应变片为转换元件的加速度传感器结构原理图。当质量块受到加速度 a 的作用时，其加速度产生的力为 $F = ma$，悬臂梁受到弯矩作用产生应变力，悬臂梁的上表面随之发生延展性应变变形。$x=0$ 处应变最大，$x=L$ 处应变为零。应变灵敏度结构系数为

$$\beta = 6\left(1 - \frac{x}{L}\right) \qquad (2.1-17)$$

悬臂梁的应变为

$$\varepsilon = \frac{\Delta L}{L} = \frac{\sigma}{E} \qquad (2.1-18)$$

式中 σ——应力；

E——半导体材料的弹性模量；

L——悬臂梁长度。

在 $x=0$ 处，对于矩形等截面悬臂梁，作用力与应变的关系为

$$\varepsilon = \frac{6FL}{ESh} = \frac{6mL}{Ebh^2}a \qquad (2.1-19)$$

式中 ε——应变；

F——作用力，$F = ma$；

m——质量块质量（含悬臂梁等效到质量块的质量）；

a——施加在质量块上的加速度；

S——梁的横截面积，$S = bh$；

b——梁的宽度；

h——梁的厚度。

根据电阻应变片的压阻效应，可以得到

$$\frac{\Delta R}{R} = \pi E\varepsilon = \frac{6mL\pi}{bh^2}a = K_0 a \qquad (2.1-20)$$

式中 $K_0 = 6mL\pi/bh^2$，它只与悬臂梁的结构和材料相关，当悬臂梁的结构确定后，K_0 就是一个常数，此时应变 $\Delta R/R$ 与加速度 a 成正比。

应变片式传感器由于具有重复性好、线性好、滞后小、灵敏度温度系数小等优点，因而在航空、国防、科研及各工业部门得到了广泛的应用。但是，因输出量小，动态频率不太高，功率也很微弱，使其在某些高精度、远距离传输场合的应用受到一定的限制。

2.2 热 电 阻

金属的电阻值随着温度的变化而变化制成的传感器称为热电阻。金属原子按一定的几何形状有规则地排列构成晶格，晶格中原子分成带正电的核和自由电子，核位于晶格点阵上，做热振动。自由电子可在晶格中自由运动。当金属温度升高时，核的热振动加强，自由电子与其碰撞的机会增多，金属的导电能力降低，电阻增大。匀质金属在非受力情况下，电阻仅与温度有关，大多数金属电阻与温度呈一定函数关系。

2.2.1 工业热电阻

热电阻广泛地用来测量中低温范围（$-200\sim650℃$），常用的有铂电阻和铜电阻两种。

2.2.1.1 铂电阻

铂电阻由绝缘套管、铂电阻体和接线盒组成。铂电阻体是用很细的铂丝绕在云母、石英或陶瓷支架上做成的。云母弹簧型铂电阻体结构如图 2.2-1 所示。

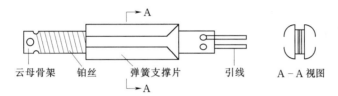

云母骨架　　　铂丝　　　弹簧支撑片　　　引线　　　　A-A 视图

图 2.2-1　云母弹簧型铂电阻体结构图

在氧化性介质中，铂的物理性质和化学性质都比较稳定，铂电阻精度高，性能可靠，稳定性好。但是，在高温还原性介质中，铂容易被从氧化物中还原出的蒸气玷污，使之变脆，影响阻值与温度之间的关系。

在 $0\sim630.74℃$ 范围内，铂的电阻值与温度之间的关系为

$$R_t = R_0(1 + At + Bt^2) \tag{2.2-1}$$

式中　R_t——温度为 $t℃$ 时铂的电阻值；

R_0——温度为 $0℃$ 时铂的电阻值。

常数 $A = 3.9687 \times 10^{-3}/℃$；

常数 $B = -5.84 \times 10^{-7}/(℃)^2$。

在 $-190\sim0℃$ 范围内，铂的电阻值与温度之间的关系为

$$R_t = R_0[1 + At + Bt^2 + C(t-100)t^3] \tag{2.2-2}$$

式中　C——常数，$C = -4.22 \times 10^{-12}/(℃)^4$。

由式（2.2-2）可见，只有确定 R_0 的数值，才能确定电阻 R_t 与温度 t 的关系，R_0 不同时，R_t 与 t 的关系也不同，一般将 $R_0 = 10\Omega$ 和 $R_0 = 100\Omega$ 的电阻和温度的关系制成统一的标准化分度表。铂的纯度越高，稳定性越好，测量温度的精度就越高，铂丝纯度一般用电阻比来表示，即

$$W_{100} = R_{100℃}/R_{0℃}$$

制作标准热电阻的铂丝电阻比 W_{100} 不小于 1.3925，工业用铂热电阻规定 W_{100} 为 1.3900～1.3920。丝材直径一般选用 0.03～0.07mm。电阻比 W_{100} 越大，表示纯度越高。常用铂热电阻为 WZP 型，分度号 Pt100，$R_0 = 100\Omega$，测量范围为 $-200 \sim +800℃$。

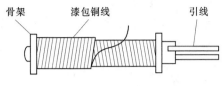

图 2.2-2　铜电阻体的结构图

2.2.1.2　铜电阻

铜电阻由绝缘套管、铜电阻体和接线盒组成。铜电阻体是一个铜丝绕组，由直径约为 0.1mm 的绝缘铜丝双绕在圆柱形塑料支架上，其结构如图 2.2-2 所示。与铂电阻相比，铜电阻价格便宜，电阻温度系数高，但电阻率小，电阻丝细，机械强度低，容易氧化，不适于高温环境，测量精度比铂电阻低。一般用铜电阻测量 $-50 \sim 150℃$ 范围的温度，在此范围内，铜的电阻值与温度的关系为

$$R_t = R_0(1 + \alpha t) \tag{2.2-3}$$

式中　R_t——温度为 $t℃$ 时铜的电阻值；

　　　R_0——温度为 $0℃$ 时铜的电阻值；

　　　α——铜电阻的温度系数，$\alpha = 4.25 \sim 4.28 \times 10^{-3}/℃$。

常用的铜热电阻为 WZC 型，分度号 Cu50，$R_0 = 50\Omega$，测量范围为 $-50 \sim +150℃$。工业用铜热电阻的 W_{100} 为 1.4280，丝材直径一般在 0.09～0.14mm。

2.2.2　使用注意事项

2.2.2.1　引线电阻

通常采用电桥作为热电阻传感器的测量电路，为了减少连接电阻随温度变化引起的误差，工业用铂电阻的引线常采用三线式接线方法。标准或实验室用铂电阻的引线采用四线式接法，即金属热电阻两端各焊上两根引出线，这样不仅消除连接线电阻的影响，而且可以消除测量电路中寄生电势引起的误差。具体的热电阻接线方式如图 2.2-3 所示，图中 r_1、r_2、r_3 和 r_4 为引线电阻。

2.2.2.2　自热误差

需要注意在测温过程中，流过热电阻丝的电流不要过大，以免产生较大热量，否则会造成电阻值变化，影响测量精度，所以一定要限制电流，小负荷工作状态流过热电阻丝的电流值一般为 4～5mA。

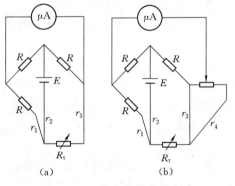

图 2.2-3　热电阻的接线方式

（a）三线式接线法；（b）四线式接线法

2.3　热　敏　电　阻

热敏电阻是利用半导体的电阻随温度变化的特性制成的测温元件。半导体比金属具有更大的电阻温度系数，用它制造的温度传感器具有灵敏度高、体积小、较稳定、制作简单、价格便宜、寿命长、易于维护等特点，已经得到广泛应用。

热敏电阻按其电阻随温度变化规律可分为两种类型：①负温度系数（NTC）热敏电阻，在一定范围内，其电阻随温度增加而减小；②正温度系数（PTC）热敏电阻，在一定范围内，电阻随温度升高而增加。

NTC热敏电阻主要用于温度测量，PTC和临界温度系数（CTR）热敏电阻主要用作温度开关。

2.3.1　热敏电阻的工作原理

NTC热敏电阻主要用 Mn、Co、Ni、Fe 等金属氧化物按一定比例混合，经过陶瓷工艺制成，分低温、中温、高温三种，低温为 $-60\sim300℃$、中温为 $300\sim600℃$、高温为 $600℃$ 以上。NTC 热敏电阻的负温度系数特性可由图 2.3-1 定性说明其机理。图 2.3-1（a）表示温度低时，很多电子被半导体的禁带所束缚，如同落到势阱中而不能爬出来，故电阻较高；图 2.3-1（b）说明，温度升高时，很多电子接受热能而从势阱中跑出来，故电阻开始下降。

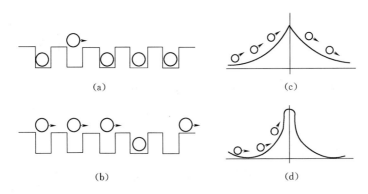

图 2.3-1　NTC 和 PTC 热敏电阻的机理示意图
（a）低温时；（b）高温时；（c）居里点以下；（d）居里点以上

PTC热敏电阻常用 $BaTiO_2$ 掺入稀土元素使之半导体化而制成，在室温 $100℃$ 左右该电阻具有 NTC 特性，超过 $100℃$，电阻值突然增加，这就是典型的 PTC 特性。PTC 特性出现在 $BaTiO_2$ 的居里温度点附近，故可认为，温度超过居里点，多晶 $BaTiO_2$ 的晶粒边界的势垒急剧升高，因此电阻值急剧增加。PTC 的这种特性可由图 2.3-1（c）和图 2.3-1（d）定性说明。图 2.3-1（c）表明，温度在居里点以下时，电子较容易通过晶粒边界。图 2.3-1（d）说明，温度在居里点以上时，由于势能的顶峰很高，故电子通过困难。

2.3.2　结构形式

热敏电阻按受热方式分类有直热式和旁热式两种。直热式热敏电阻一般是用金属氧化物粉料挤压成杆状、片状、圆状等热敏电阻的阻体，经过 $1000\sim1500℃$ 高温烘结后，在阻体的两端或两表面烧结银电极，然后焊接电极引线和涂防护层，即成了完整的热敏电阻。旁热式热敏电阻除了有一个阻体外，还有一个用金属丝绕制成的加热器，阻体与加热器紧紧地耦合在一起，但相互之间是绝缘的，并密封于高真空玻璃壳中，当电流通过加热器时，发出热量使阻体的温度升高，阻体的阻值随之上升或下降。常用的热敏电阻的外形如图 2.3-2 所示。

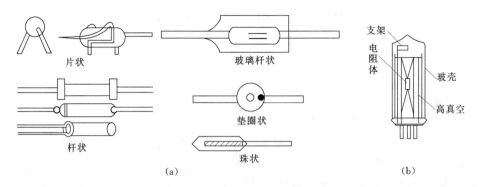

图 2.3-2 热敏电阻的外形图和结构

（a）直热式热敏电阻；（b）旁热式热敏电阻

2.3.3 热电特性

各类热敏电阻的热电特性（电阻-温度特性）如图 2.3-3 所示。

2.3.3.1 正温度系数热敏电阻 PTC

PTC 是电阻值随温度升高而增大的热敏电阻，其电阻 R 和温度 T 之间关系为

$$R = R_0 e^{B(T-T_0)} \qquad (2.3-1)$$

$$\ln(R_T/R_0) = B(T-T_0) \qquad (2.3-2)$$

式中　B——热敏电阻常数，不是恒定值，是温度系数的函数；

　　　R——任意温度 $T(℃)$ 时的电阻值，$T(℃)$ 为任意温度；

　　　R_0——基准温度 $T_0(℃)$ 时的电阻值；$T_0(℃)$ 为基准温度。

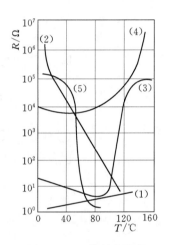

图 2.3-3 热敏电阻的热电特性

PTC 在达到一个特定的温度前，电阻值随温度变化非常缓慢，当超过这个温度时，PTC 的阻值急剧增加，阻值发生急剧变化的那个温度称为居里点温度。钛酸钡的居里点为 120℃，习惯上将 120℃ 以上的 PTC 称为高温 PTC，反之称为低温 PTC。见图 2.3-3 中的曲线（3）和（4）。

PTC 作为加热元件具有恒温、调温和自动控温的特殊功能，只发热、不发红、无明火、不易燃烧；对电源无特殊要求，电源无论是交流还是直流，电压从 3～440V 均可使用；热交换率高，PTC 元件有限流作用，温度上升时，PTC 发热量减少，反之则增加，因而能节约大量能源；响应时间快，一般情况下只要传热和散热媒介选择适当，通电几秒钟即可达到预定温度；使用寿命长，为半永久性的。

2.3.3.2 负温度系数热敏电阻 NTC 和 CTR

NTC 是电阻值随温度升高而变小的热敏电阻，是应用最广泛的半导体陶瓷热敏电阻之一，有灵敏度高、响应快、寿命长、价格低等优点，其电阻 R 和温度 T 之间关系为

$$R = R_0 e^{B(1/T - 1/T_0)} \tag{2.3-3}$$

$$\ln(R_T/R_0) = B(1/T - 1/T_0) \tag{2.3-4}$$

具有开关特性的负温度系数热敏电阻，也称为负温临界热敏电阻（CTR），如 V_2O_3 热敏电阻，它有一个突变温度点，此点可通过加 Ge、Ni 等金属元素在较大范围内调整。见图 2.3-3 中的曲线（2）和（5）。

此外，还有功率热敏电阻，有 NTC 型和 PTC 型，但常用 NTC 型来防止电源接通瞬间的较大冲击电流。使用时要特别注意以下两点：一是把功率热敏电阻安装到印制板上时，不宜将它的引线剪得过短，以免使其热量传递到印制板上，并造成印制板温度升高，同时引起印制板变色；二是注意元器件的安排，应力求使功率热敏电阻远离像电解电容等一类特别需要回避热源的器件，并与它保持一定的距离。

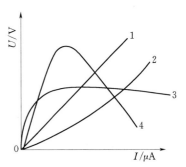

图 2.3-3 中曲线（1）为铂电阻的热电特性曲线。

2.3.4 伏安特性

热敏电阻的伏安特性如图 2.3-4 所示。曲线 1 为线性电阻的伏安特性，其他曲线为各种非线性的电阻的伏安特性，变化规律符合指数关系。

图 2.3-4 热敏电阻的伏安特性

表 2.3-1 分别列出了国内外部分热敏电阻的性能参数。

表 2.3-1   热 敏 电 阻 性 能 参 数

型 号	标称阻值 R_{25}/Ω	开关温度/℃	额定电压/V
MZ21	4.7	135	15
MZ22	$200\sim500$	$70\sim80$	220
MZ23（1）	$24\sim150$	$90\sim110$	$60\sim220$
MZ23（2）	$15\sim33$	$115\sim125$	$60\sim220$
MZ24（1）	$62\sim75$	120	220
MZ24（2）	$36\sim56$	120	220
MZ64（1）	<500	$40\sim80$	5
MZ64（2）	<250	$100\sim140$	5
MF511	$100\sim200$	$1500\sim2000$	$0\sim200$
MF513	10	$4300\pm5\%$	$10\sim55$
MF514	$10\pm2\%$	$3700\pm1\%$	$10\sim70$
SWF13	$820\sim1500$	$3900\sim4700$	$55\sim200$

2.3.5 热敏电阻的应用

热敏电阻具有以下特点：灵敏度高，是铂热电阻、铜热电阻灵敏度的几百倍；工作温度范围宽；稳定性好、过载能力强、寿命长；结构简单，体积小，可以方便地用于测量某一点的温度；响应快，功耗小，不需要参考端补偿。可以根据不同的要求，将热敏电阻制成各种不同形状，可制成 $1\sim10M\Omega$ 标称阻值的热敏电阻，以供应用电路选择。但其 R-t

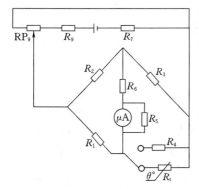

图 2.3-5　热敏电阻温度
测量电路

关系为非线性。

热敏电阻传感器应用范围很广，可用于温度测量、温度补偿、温度控制、稳压稳幅、自动增益调整、气压稳定、气体和液体分析、火灾报警、过负荷保护以及红外探测等方面。

2.3.5.1　温度测量

热敏电阻传感器可用于液体、气体、固体、固熔体、海洋、深井、高空气象、冰川等方面的温度测量。它的测温范围一般为 $-10 \sim +300℃$，也可以做到 $-200 \sim +10℃$ 和 $300 \sim 1200℃$。典型电路如图 2.3-5 所示。

图中 R_t 为热敏电阻，R_2、R_3 为平衡电阻，R_1 为起始电阻，R_4 为满刻度电阻，R_7、R_8、R_9 为分压电阻，R_5、R_6 为微安表修正、保护电阻。可以将电桥输出接至放大器的输入端或自动记录仪表上。这种测量电路的精度可达 $0.1℃$，感温时间可少于 $10s$。

2.3.5.2　温差测量

一种双桥温差测量电路如图 2.3-6 所示。图中，两个电桥 A 及 A′共用一个指示仪表 P。两热敏电阻 R_t、R'_t，放在两不同测温点，则流经表 P 的两不平衡电流恰好方向相反，表 P 指示的电流值是两电流值的差。作温差测量时要选用特性相同的两热敏电阻，且阻值误差不应超过 $\pm 10\%$。

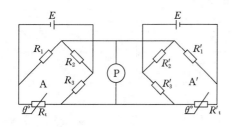

图 2.3-6　热敏电阻双桥温差测量电路

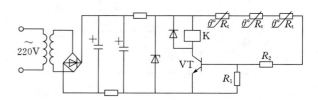

图 2.3-7　由热敏电阻组成的热敏继电器

2.3.5.3　电机过热保护

热敏电阻可组成的热敏继电器作为电动机过热保护，如图 2.3-7 所示。三支热敏电阻特性相同，分别用万能胶固定在电动机的三相绕组中。当电机正常运转时，温度较低，热敏电阻阻值大，继电器 K 不动作。当电机过负荷、断相或一相接地时，电动机温度上升，热敏电阻阻值减小，三极管 VT 完全导通，继电器 K 吸合，起到保护作用。

2.3.5.4　温度补偿

仪表中通常用的一些零件，多数是用金属丝做成的，例如线圈、线绕电阻等，金属大多具有正的温度系数，采用负温度系数热敏电阻进行补偿，可以抵消由于温度变化而产生的误差。实际应用时，将负温度系数的热敏电阻与锰铜丝电阻 r 并联后再与被补偿元件 R 串联，如图 2.3-8 所示。

2.3.5.5 温度-频率转换电路

图2.3-9是一个温度-频率转换电路。它实际上是一个三角波变换器，电容C的充电特性是非线性特性。适当地选取线路中的电阻r和R，加上R_t，可以在一定的温度范围内得到近似于线性的温度-频率转换特性。该电路$T = 2R_1Cln\left(1 + 2\dfrac{R+R_t}{r}\right)$。

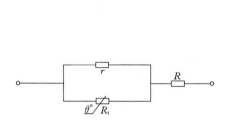

图2.3-8 温度补偿接线

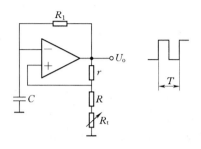

图2.3-9 温度-频率转换电路

2.4 半导体温度传感器

除了半导体材料制成的热敏电阻外，还可以利用晶体管的PN结进行测温，因为PN结在一定的工作电流下其正向电压与温度之间有着良好的线性关系。

2.4.1 温敏二极管和温敏晶体管

2.4.1.1 工作原理

由PN结理论可知，对于理想二极管，当正向电压U_F大于几个k_0T/q时，正向电流I_F与正向电压U_F和温度T之间的关系可表示为

$$U_F = \frac{k_0T}{q}\ln\left(\frac{I_F}{I_S}\right) = \frac{E_{q0}}{q} - \frac{k_0T}{q}\ln\left(\frac{B'T^\gamma}{I_F}\right) \qquad (2.4-1)$$

式中　k_0——波尔兹曼常数；

$\quad q$——电子电荷，$q=1.6\times10^{-19}$C；

$\quad T$——绝对温度，K；

$\quad I_S$——饱和电流；

$\quad E_{q0}$——半导体在0K温度时的禁带宽度，eV；

$\quad B'$——常数，与PN结的结构相关；

$\quad T^\gamma$——常数与电子迁移率有关。

由式（2.4-1）可以看出，等式左边除变量T和I_F外其他均为常数，如果在正向电流I_F一定的情况下，随着温度T的升高，正向电压U_F将下降，表现出负温度系数（图2.4-1）。

温敏二极管的灵敏度定义为正向电压对温度的变化率，即$S = \partial U_F/\partial T$。只要工作在恒定电流下，在某一温度$T_1$时的灵敏度$S_1$就仅取决于正向

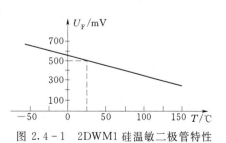

图2.4-1 2DWM1硅温敏二极管特性

电流 I_{F1}（或正向电压 U_{F1}）的大小。但是需要注意，正向电流不能过大，因为电流经过 PN 结时将消耗部分功率，致使结温 T_j 高于环境温度 T_A，这种自热温升主要取决于 I_F 和环境温度 T。在一定温度范围内，自热温升可由下式给出

$$\Delta T = T_j - T_A = R_{TH} I_F U_F \qquad (2.4-2)$$

式中 R_{TH}——PN 结的等效电阻。

随着 I_F（或 U_F）的增加，自热温升也正比增加；随着环境温度 T_A 的降低，自热温升也会相对增加。对于低温测量，恒定电流一般取 $10\sim50\mu A$。在室温下，对于硅和砷化镓温敏二极管，当工作电流大约超过 $300\mu A$ 时，就应该考虑自热温升。然而，有时可以利用自热温升实现对某些非温度量如流体流速和液面位置的检测。

上述温敏二极管的 PN 结温度特性，实际上在由 PN 结构成的晶体管上也同样存在。在恒定集电极电流的情况下，晶体管发射极结上的正向电压随温度上升而近似线性下降，NPN 晶体管的基极—发射极电压 U_{BE} 与集电极电流 I_C 和温度 T 的关系为

$$U_{BE} = \frac{E_{q0}}{q} - \frac{k_0 T}{q} \ln\left(\frac{B' T^\gamma}{I_C}\right) \qquad (2.4-3)$$

与式（2.4-1）比较可知，如果集电极电流 I_C 恒定不变，U_{BE} 仅随温度 T 呈现单调、单值变化。

2.4.1.2 温敏二极管和温敏晶体管的典型应用

1. 简易温度调节器

图 2.4-2 是一个简易温度调节器，用于液氮气流式恒温器中 $77\sim300K$ 范围调节控制。VD_T 是温度检测元件，采用锗温敏二极管。W_{R1} 调节恒流源电流为 $50\mu A$，W_{R2} 调节设定温度。该温度调节器在 30min 内，控温精度约 $\pm0.1℃$。

2. 温差测量

图 2.4-3 是由两个温敏晶体管组成的温差测量电路。用两个温敏晶体管 MTS102 作为探头，分别置于待测温差的两个位置上。调节 W_R 以保证在两点温差为零时，差分放大器 A_3 的输出 U_0 也等于零。A_1 和 A_2 是缓冲放大器，其高输入阻抗保证了温敏晶体管的 U_{BE} 变化不会受到放大电路的影响。

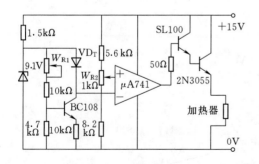

图 2.4-2 简易温度调节器

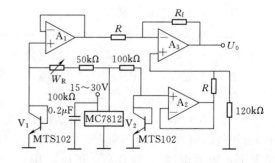

图 2.4-3 温敏晶体管组成的温差测量电路

3. 流量检测

图 2.4-4 是利用图 2.4-3 所示测量电路来检测流体流速的原理图。管道中放置一个恒定电源供电的加热丝，加热丝左右两边各放置一个温度敏感元件。若流体不流动，两个

温度敏感元件感应的温度相同，温差等于零；若流体由左向右流动，上游 V_1 处的热量被流动的流体带到下游 V_2 处，所以 V_2 的温度将高于 V_1 的温度，其温度差与流体的流速相关，从而通过温差信号换算出流体的流速。如果管道横截面积是已知的，则管道内的流体流量就等于流速乘横截面积。

2.4.2 电流输出型温度传感器 AD590 简介

电流输出型温度传感器 AD590 是美国 AD 公司生产的，具有典型代表性、应用广泛的一种集成温度传感器。它具有灵敏度高、体积小、价格低、使用简单等特点，由于采用电流镜电路，其典型的电流温度灵敏度为 $1\mu A/K$，测温范围宽（$-50\sim+150$℃）。因为是电流输出型，所以长导线传输信号损失小而且不易被干扰。

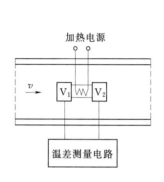

图 2.4-4　温差式流量
检测原理

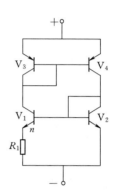

图 2.4-5　电流
镜电路

2.4.2.1 AD590 的工作原理

AD590 中的内部电路可以简化成如图 2.4-5 所示的电流镜电路。该电路中的上半部分 V_3 和 V_4 组成了镜像电流源，它们具有相同的结构，且发射极偏压相同。由于在晶体管的 β 值较大时，基极电流 I_b 是可以忽略的，因此可以认为流过 V_3 的电流 I_{c3} 与流过 V_4 的电流 I_{c4} 相等。而 I_{c3} 和 I_{c4} 又分别是下半部分温敏差分对 V_1 和 V_2 的输入电流，所以 V_1 和 V_2 的输出电流 I_{e1} 也就等于 I_{e2}，即

$$I_{e1}=I_{e2} \tag{2.4-4}$$

由图 2.4-5 可知，晶体管 V_2 的正向结压降 V_{be2} 等于晶体管 V_1 的正向结压降 V_{be1} 与电阻上的压降 R_1I_{e1} 之和，可得

$$R_1I_{e1}=V_{be2}-V_{be1} \tag{2.4-5}$$

根据 PN 结的伏安特性可知，PN 结正向导通时流过 PN 结的电流与 PN 结的温度 T 之间的关系为

$$I=I_S e^{\frac{qV_F}{KT}} \tag{2.4-6}$$

式中　I_S——反向饱和电流；

　　　q——电子电荷；

　　　V_F——PN 结正向压降；

　　　K——玻尔兹曼常数；

T——绝对温度。

式（2.4-6）又可以写成

$$V_F = \frac{KT}{q} \ln \frac{I}{I_S} \qquad (2.4-7)$$

将式（2.4-7）代入到式（2.4-5）中，可得

$$R_1 I_{e1} = \frac{KT}{q} \ln \frac{I_{e2}}{I_{S2}} - \frac{KT}{q} \ln \frac{I_{e1}}{I_{S1}} \qquad (2.4-8)$$

因为 $I_{e1} = I_{e2} = I$，式（2.4-8）可写成

$$I = \frac{KT}{R_1 q} \ln \frac{I_{S1}}{I_{S2}} \qquad (2.4-9)$$

设流过图 2.4-5 所示电路"+"和"-"端的总电流为 I_0，可得

$$I_0 = 2I = \frac{2KT}{R_1 q} \ln \frac{I_{S1}}{I_{S2}} \qquad (2.4-10)$$

由于 I_S 正比于各晶体管发射极的面积，并且 V_1 的结面积是 V_2 结面积的 n 倍，即 $n I_{S1} = I_{S2}$，式（2.4-10）可写成

$$I_0 = \left(\frac{2K}{R_1 q} \ln n\right) T \qquad (2.4-11)$$

在式（2.4-11）中 n、K、q 为常数，忽略 R_1 的电阻值随温度的变化，则电路的总电流 I_0 正比于绝对温度 T。

2.4.2.2 AD590 的典型参数与应用电路

典型参数：

(1) 线性电流输出 $1\mu A/K$。

(2) 工作温度范围 $-50 \sim +150℃$。

(3) 输出阻抗高达 $10M\Omega$。

(4) 非线性误差小于 $\pm 0.5℃$。

(5) 工作电压范围 $4 \sim 30V$。

将 AD590 与一个 $1k\Omega$ 的电阻串联，即可得到基本的温度检测电路，如图 2.4-6 所示。在 $1k\Omega$ 电阻上得到正比于绝对温度的电压输出，其灵敏度为 $1mV/K$。由于 AD590 内阻极高，很容易将电流输出转换为电压输出，另外非常适合远距离测量，而且馈线可以采用一般的双绞线。

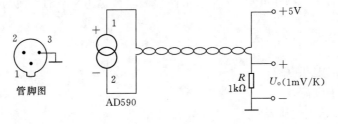

图 2.4-6 AD590 基本温度检测电路

习　题

1. 电阻式传感器的类型有哪些？

2. 金属电阻应变片与半导体应变片在工作原理上有何不同？

3. 试简述热电阻、热敏电阻的阻值随温度变化的机理。

4. 试推导图 2.2－3 所示热电阻接线方法中电路的输出电流表达式，并说明消除引线影响的理由。

5. 应变式传感器是否可以应用如图 2.2－3 所示的热电阻接线方法？

6. 在测量时，为什么要对应变片式电阻传感器进行温度补偿？分析说明常用的温度误差补偿方法。

7. 拟在等截面的悬梁上粘贴 4 个完全相同的电阻式应变片组成差动全桥电路，试问：4 个应变片应怎样粘贴在悬梁上？并画出相应的电桥电路。

8. 用 AD590 设计一个空调电源控制器，在温度高于 28℃ 时，电源才能接通。

第3章 电感传感器

电感传感器是利用线圈的自感 L 或互感 M 随线圈的磁阻 R_m 等的变化来实现非电量的检测。电感传感器分为自感传感器、互感传感器和电涡流传感器，是最传统和应用广泛的传感器类型之一。它具有很高的灵敏度和精确度，非常好的线性特性和重复性以及性能稳定、工作可靠、寿命长等优点，在位移、振动、压力、流量等参数测量中应用广泛。电感传感器非常明显的缺点是不适合测量接近或高于传感器激励电源频率的动态信号。

3.1 自感传感器

3.1.1 简单的自感传感器原理

自感传感器的原理如图 3.1-1 所示，它是由线圈、铁芯和衔铁三部分组成。铁芯与衔铁之间有一个气隙，气隙厚度为 δ，衔铁与铁芯的重叠面积为 S。被测物理量运动部分与衔铁相连，当运动部分产生位移时，气隙 δ 或重叠面积 S 被改变，从而使电感值发生变化。在图 3.1-1(a) 中，线圈的电感值可按下式计算

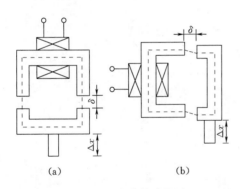

$$L = \frac{w^2}{\sum R_m} \tag{3.1-1}$$

式中　w——线圈匝数；

$\sum R_m$——以平均长度表示的磁路的总磁阻。

图 3.1-1　自感传感器原理

如果气隙厚度 δ 较小，忽略漏磁，而且不考虑磁路的铁损，则总磁阻为

$$\sum R_m = \sum \frac{l_i}{\mu_i S_i} + \frac{2\delta}{\mu_0 S} \tag{3.1-2}$$

式中　l_i——各段导磁体的磁路平均长度，cm；

μ_i——各段导磁体的磁导率，H/cm；

S_i——各段导磁体的横截面积，cm²；

δ——空气隙的厚度，cm；

μ_0——空气隙的导磁系数，$\mu_0 = 4\pi \times 10^{-9}$ H/cm；

S——空气隙的截面积。

因为一般导磁体的磁阻要比气隙的磁阻小得多，所以计算时可忽略铁芯和衔铁的磁

阻，则式（3.1-1）写为

$$L = \frac{w^2 \mu_0 S}{2\delta} \tag{3.1-3}$$

由式（3.1-3）可以看出，如果线圈匝数 w 是一定的，电感 L 受气隙厚度 δ、气隙截面积 S 和气隙导磁系数 μ_0 的控制。固定这三个参数中的任意两个参数，而另一个参数跟随被测物理量变化，就可以得到三种结构类型的自感传感器。

3.1.1.1　改变气隙厚度 δ 的自感传感器

该类型如图 3.1-1（a）所示，这种传感器灵敏度高，对测量电路的放大倍数要求低。其缺点是输出特性严重非线性，见图 3.1-2 曲线 1。当 $\delta = 0$ 时，L 并不等于 ∞，而是接近于无气隙情况下由导磁体的磁阻决定的自感值，如图中虚线所示。当气隙 δ 过大时，漏磁增加，灵敏度减小；当 $\delta = \infty$ 时，自感 L 与衔铁无关，完全取决于铁芯间的空气磁阻（漏磁磁阻）。因此，衔铁的测量行程是非常小的，最大示值范围 $\Delta\delta_{max} < 0.2\delta_0$，原始气隙 δ_0 一般在 $0.1 \sim 0.5$mm。当被测物理量改变衔铁的位移非常微小时，可用这种类型的传感器进行测量。

3.1.1.2　改变气隙截面积 S 的自感传感器

图 3.1-1（b）给出了这类传感器的原理。它的优点是示值范围较大，具有较好的线性，见图 3.1-2 中曲线 2。当 S 趋向最大值时，由于气隙 δ 的影响，气隙的磁阻将占主导地位，从而使 L 趋于常数，出现非线性。该类传感器常用于检测位移或角位移。

3.1.1.3　改变导磁系数 μ 的自感传感器

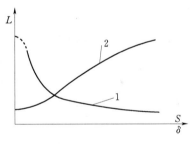

图 3.1-3 为螺管式自感传感器。假设线圈内磁场强度是均匀的，电感相对变化量与衔铁插入长度的相对变化量成正比。换句话说，线圈内的导磁性与衔铁插入的长度相关。实际螺管式传感器线圈内的磁场是不均匀的，且衔铁插入的深度不同，漏磁路径不同，因此有一定的非线性。该类型的传感器，自由行程大，示值范围大，制造简单，稳定可靠。它的缺点是灵敏度低。

图 3.1-2　$L-\delta$、$L-S$ 关系曲线
$1-L = f(\delta); 2-L = f(S)$

图 3.1-4 是利用铁磁材料压磁效应的自感传感器。铁磁性起源于原子中电子轨道运动和自旋而产生的磁元矩，见图 3.1-5（a）。铁磁性的物体具有平行排列的自旋，它驱

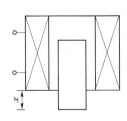

图 3.1-3　螺管式自感传感器原理

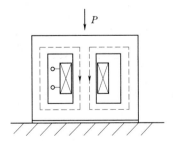

图 3.1-4　压磁式自感传感器原理

使相邻的磁元矩平行排列在同一方向上，在物质内部形成许多小区域，称为磁畴。在无外作用下，各磁畴的磁化强度互相抵消，因而总体不显磁极性，如图3.1-5（b）所示。当有外磁场作用时，磁畴的磁化方向将转向与外磁场平行的方向，铁磁材料呈现磁化现象，如图3.1-5（c）所示。在磁化过程当中，各磁畴之间的界限发生移动，因而产生机械变形，叫做磁致伸缩效应；反之在外力作用下，铁磁材料内部产生应力变化，各磁畴之间的界限发生移动，从而使磁畴的磁化方向产生转变，铁磁材料的磁化强度也发生相应的变化，导致铁磁材料的导磁率变化，这一现象被称为压磁效应。该类型传感器用于测量压力、拉力、变矩、扭力、扭矩、重量等。

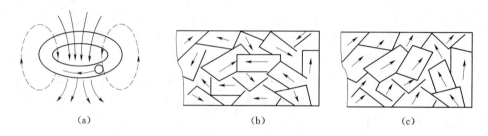

图 3.1-5　磁元矩与磁畴示意图

（a）元磁矩；（b）无外作用时；（c）外磁场作用时

3.1.2　差动自感传感器

上述三种类型传感器，虽然结构简单，运用方便，但存在如下缺点：

（1）在测量时，线圈始终有一定的激励电流存在，衔铁永远受单一线圈产生的磁场力作用。

（2）线圈电阻受温度影响较大，有温度误差。

（3）电感值受激励电源波动的影响。

（4）不能反映被测量的变化方向。

因此，在实际使用中常常采用差动自感传感器。

图3.1-6和图3.1-7描述了差动自感传感器的原理结构与等效测量电路。以图3.1-6（a）为例，当衔铁处于中间位置时，若线圈1和线圈2制造得十分对称，此时电感 $L_1=L_2$，则 $Z_1=Z_2$；而电桥的另两桥臂 $Z_1'=Z_2'$。所以，流过负载 Z_f 上的电流为零，电桥平衡，没有输出电压。当衔铁向上移动 $\Delta\delta$，线圈1的阻抗增加为 $Z_1+\Delta Z$，线圈2的阻抗减小为 $Z_2-\Delta Z$，电桥将有输出电流或电压，电桥输出量的大小与衔铁偏离

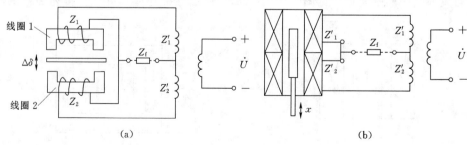

图 3.1-6　差动自感传感器原理

中心位置的偏离量相关（详细推导，请看交流电桥一节）。差动式传感器的优点是对干扰、电磁吸力、温度补偿等有一定的补偿作用；能够改善特性曲线的非线性，提高传感器的灵敏度。如在输出端接入相敏整流电路，可知道衔铁位移的方向，并能消除残余电压。如使用紧耦合电桥电路，可大大改善电路的零稳定性，简化桥路接地和屏蔽等问题。

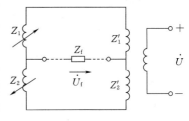

图 3.1-7 等效测量电路

3.2 互 感 传 感 器

把被测量的变化转换为互感系数 M 变化的传感器称为互感传感器。由于互感传感器的本质是一个变压器，又常常做成差动形式，所以又把互感传感器称为差动变压器。

3.2.1 互感传感器的结构类型和工作原理

互感传感器的结构大致可分为三类：衔铁平板式、螺管式和转角式，其原理如图 3.2-1所示。无论什么形式的互感传感器都要求初级线圈顺极性串联保证磁通方向一致，次级线圈反极性串联保证电势方向相反。以图 3.2-1（a）为例，当初级线圈加上交流激励电压 $\dot{U}_1$ 时，根据变压器原理，在次级线圈中会产生感应电动势。如果衔铁向上移动，则上边的次级线圈内所穿过的磁通比下边次级线圈的磁通多些，上边的次级线圈的互感增大，感应电动势增大；下边的互感减小，感应电动势减小。如果衔铁向下移动，情况正好相反。当衔铁处于中间位置时，上边次级线圈的感应电动势等于下边次级线圈的感应电动势，由于两次级线圈是反极性串联的，所以总输出感应电动势 $\dot{U}_2 = 0$。差动变压器的等效电路如图 3.2-2所示。当二次侧开路时，初级线圈的交流电流为

$$\dot{I}_1 = \frac{\dot{U}_1}{r_1 + j\omega L_1} \tag{3.2-1}$$

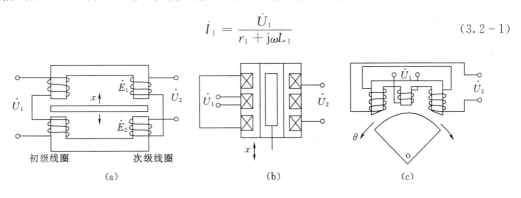

图 3.2-1 互感传感器结构原理

次级线圈中的感应电动势 $\dot{E}_1$ 和 $\dot{E}_2$ 的值分别为

$$\dot{E}_1 = -j\omega M_1 \dot{I}_1$$
$$\dot{E}_2 = -j\omega M_2 \dot{I}_1 \tag{3.2-2}$$

因此，得到空载输出电压 $\dot{U}_2$ 为

$$\dot{U}_2 = \dot{E}_1 - \dot{E}_2 = -j\omega(M_1 - M_2)\frac{\dot{U}_1}{r_1 + j\omega L_1} \tag{3.2-3}$$

输出阻抗为

$$Z = r_{21} + r_{22} + j\omega L_{21} + j\omega L_{22} \tag{3.2-4}$$

图 3.2-2 中 r_1、L_1 分别为初级线圈的有效电阻和自感；r_{21}、L_{21} 和 r_{22}、L_{22} 分别为次级线圈上半边和下半边的有效电阻与自

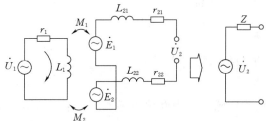

感。$\dot{U}_1$ 为初级线圈的励磁电压；$\dot{E}_1$ 和 $\dot{E}_2$ 分别为次级线圈上半边和下半边的感应电动势；$\dot{U}_2$ 为次级线圈的空载输出。

图 3.2-2　差动变压器的等效电路图

3.2.2　互感传感器的特性

3.2.2.1　灵敏度

互感传感器的灵敏度是指在单位激磁电压下，铁芯移动单位距离时的输出电压，以 V/mm/V 表示。提高灵敏度的途径有增大差动变压器的尺寸，提高线圈的 Q 值。采用导磁性能好的铁芯材料，减小涡流损耗和铁芯损耗，等等。由图 3.2-2 可以看出，互感传感器的激励电源是独立于测量电路之外的。实际应用中，在不使初级线圈过热的情况下，提高激磁电压的方法来提高灵敏度，就要比自感传感器来得方便，并且对测量电路危害小。提高励磁频率也是提高灵敏度的有效方法，但过高的频率会使损耗增大，线圈变热，影响测量的精度。所以对励磁频率为 500Hz 以上的互感传感器，一般使用铁氧体或坡莫合金铁芯较多。

3.2.2.2　频率特性和相角特性

互感传感器的激励频率至少要大于衔铁运动频率的 10 倍。频率过低，灵敏度显著下降，温度误差和频率误差增加，要进行高精度和高灵敏度的测量比较困难。频率太高，铁损和耦合电容的影响增加。

互感传感器的次级电压相对于初级电压的相角通常超前几度到几十度。超前相角大小取决于差动变压器的类型、激励频率、负载和其他因素。小型、低频的差动变压器的超前角大；大型、高频的差动变压器超前角小。

由图 3.2-1（a）可知，差动变压器初级线圈是感性的，初级线圈中的电流 $\dot{I}_1$ 滞后于激磁电压 $\dot{U}_1$ 一个 α 角。如果忽略铁损并考虑磁通 Φ 与初级线圈同相，则次级感应电动势 $\dot{E}_1$ 比 $\dot{U}_1$ 超前几十度相角。在输出负载上提取 $\dot{U}_2$，它又滞后 $\dot{E}_1$ 几度。$\dot{U}_2$ 的相角大小与频率和负载电阻有关。当衔铁向下移动通过零点时，由于二次侧线圈反极性串联，电压相位将发生 180°变化，其理想特性如图 3.2-3 实线所示，虚线为实际特性。要消除二次侧线圈的相移，可以采取电路补偿措施。

3.2.2.3　线性范围

理想互感传感器的输出电压与铁芯的位移成线性关系。实际上由于铁芯的直径、长度、材质以及骨架的尺寸、线圈的均匀程度都对线性关系有直接影响。在实际应用中，应让被测物理量在传感器的线性范围内变化，超出这一范围灵敏度减小，测量精度变差。

3.2.2.4 温度特性

温度可以使机械部分产生热胀冷缩，对测量精度的影响可达数微米到几十微米左右。温度可以使线圈的电阻值发生变化，进而影响线圈中的电流 I，也就引起感应电动势 E 变化。温度还会影响铁芯的导磁特性、铁损、涡流损耗等。因此，互感传感器有常温型和高温型之分。

3.2.2.5 吸引力

差动变压器的铁芯所受磁性吸引力的大小为

$$F = I_1^2 \frac{\mathrm{d}L_1}{\mathrm{d}x} \qquad (3.2-5)$$

式中 L_1——初级线圈的电感；

I_1—— 初级线圈中的电流；

x——铁芯位置。

当铁芯移动时，如果初级电感 L_1 不变，则就没有吸引力。一般铁芯位移 x 增加，L_1 就减小，$\mathrm{d}L_1/\mathrm{d}x$ 为负值。这就意味着当铁芯离开零位后，受到把其拉回零位的吸引力的作用。由于 F 与 I_1 是平方关系，所以减小激磁电压可以降低初级线圈中的电流 I_1，就有效地减小了吸引力，但这种方法是以降低灵敏性为代价的，可以适当提高激磁频率来补偿灵敏度的下降。

3.2.2.6 零点残余电压及其消除方法

差动变压器的两组次级线圈是反向串联的，因此当铁芯处在中央位置时，输出信号应为零，如图 3.2-3 中实线所示。但是，在实际情况中，输出电压并不为零，而是有一个很小的电压值 u_0，一般称为"零点残余电压"，实际特性如虚线所示。产生残余电压的主要原因有：次级线圈的结构不对称，激磁电压中的高次谐波及铁磁材料的磁滞等。通常是采用相敏整流电路使图 3.2-4 中的特性曲线 1 变成曲线 2，这样不仅使输出能反映铁芯的移动方向，而且使零点残余电压可以小到忽略不计的程度。

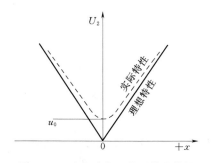

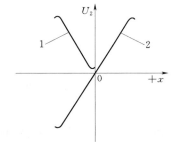

图 3.2-3 差动变压器图输出特性　　　图 3.2-4 采用相敏整流后的特性曲线

3.3 涡流传感器

涡流传感器是利用电涡流效应将被测物理量转化为电参数进行测量的。这种传感器可以测量振动、位移、厚度、转速、温度、硬度等参数，还可以进行无损探伤。

3.3.1 涡流传感器工作原理

成块的金属置于变化的磁场中或者在磁场中运动时，金属体内都要产生感应电动势形成电流，这种电流在金属体内是自己封闭的，称为涡流。

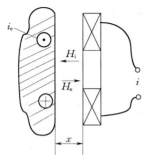

图 3.3-1 为电涡流传感器原理图。涡流传感器的主要元件是一只固定在框架上的扁平线圈，当线圈通有激磁电流 i 时，将产生交变磁场 H_i。如果被测导电体靠近传感器时，根据电磁感应定律，在被测导电体内便产生电涡流 i_e，此涡流又将产生一磁场 H_e，H_e 与 H_i 方向相反，因而抵消部分原磁场，从而导致线圈的等效阻抗和品质因数发生改变。涡流 i 的大小与被测导体的电阻率 ρ、导磁率 μ、厚度 t 以及产生磁场的线圈到被测导体的距离 x、线圈的励磁电流角频率 ω 等参数相关。若固定

图 3.3-1 涡流传感器原理　其中某些参数，就能按涡流大小测量出另外一些参数。

3.3.2 涡流传感器的阻抗特性

在涡流检测中，传感器的阻抗特性可以分成三种：空载阻抗特性、一次阻抗特性、二次阻抗特性。

3.3.2.1 空载阻抗特性

当传感器处于自由空间，不与导体相耦合的情况，即为空载特性状态，这是传感器调试时的一种原始状态。空载时，传感器的等效电路如图 3.3-2 所示。L_1 为线圈的自感，R_1 为线圈的损耗电阻，C 为并联电容，R_s 为电容损耗电阻、振荡电阻和传感器的输入电阻。为了简化讨论，仅用虚线内的 R_1、L_1 来描述传感器的阻抗特性 Z_0，用下式表示为

$$Z_0 = R_1 + j\omega L_1 \tag{3.3-1}$$

此时，传感器的品质因数 $Q = \omega L_1 / R_1$。

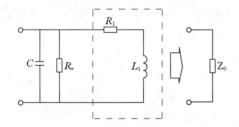

图 3.3-2 空载时等效电路

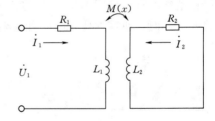

图 3.3-3 有耦合时等效电路

3.3.2.2 一次阻抗特性

当传感器与已知物理性质的被测物体耦合时的阻抗，即被测体的材料一定时，它与传感器间的位置变化时的阻抗特性被称为一次阻抗特性。依图 3.3-1 可得到等效电路如图 3.3-3 所示。图中 R_1、L_1 为传感器的损耗电阻和自感，R_2、L_2 为被测导体的等效损耗电阻和自感，$\dot{U}_1$ 为传感器激励电压，M 为传感器线圈与被测体间的互感量。依图列出回路方程如下

$$(R_1 + j\omega L_1)\dot{I}_1 - j\omega M\dot{I}_2 = \dot{U}_1 \tag{3.3-2}$$

$$-j\omega M\dot{I}_1 + (R_2 + j\omega L_2)\dot{I}_2 = 0 \tag{3.3-3}$$

传感器线圈受到被测导体影响后的等效阻抗为

$$Z = \frac{\dot{U}}{\dot{I}} = \left[R_1 + \frac{\omega^2 M^2 R_2}{R_2^2 + (\omega L_2)^2} \right] + j\left[\omega L_1 - \frac{\omega^2 M^2 \omega L_2}{R_2^2 + (\omega L_2)^2} \right] \tag{3.3-4}$$

式（3.3-4）中实数部分是等效损耗电阻，是互感 M 的函数，互感量随着传感器与被测体之间的距离 x 的缩小而增大，这一变化与被测导体是不是磁性材料无关。式中虚数部分是传感器的等效电抗，它分为两项。第一项 ωL_1 中的 L_1 与静磁效应有关，即与被测导体的导磁性能有关；而第二项与涡流效应有关，一般称为涡流效应的反射电抗。当传感器与被测导体的距离 x 减小时，静磁效应使传感器的等效电感 L 增大，而涡流效应却使传感器的等效电感 L 减小，这两种效应是相反的。因此，当被测材料是软磁材料时，以第一项变化为主，因而在传感器接近被测导体时，传感器的等效电感量 L 增大；如果被测导体为非铁磁材料或硬磁材料时，第一项变化不显著，而以第二项变化为主，因此传感器的等效电感 L 则减小。根据上述分析涡流传感器可以把传感器与被测导体之间的距离 x 值变换成传感器的等效阻抗值或等效电感值。

涡流传感器的品质因数 Q 值用下式表示

$$Q = \frac{\omega L_1 - \dfrac{\omega^2 M^2 \omega L_2}{R_2^2 + (\omega L_2)^2}}{R_1 + \dfrac{\omega^2 M^2 R_2}{R_2^2 + (\omega L_2)^2}} = Q_0 \frac{1 - \dfrac{L_2}{L_1}\left(\dfrac{\omega M}{Z_2}\right)^2}{1 + \dfrac{R_2}{R_1}\left(\dfrac{\omega M}{Z_2}\right)^2} \tag{3.3-5}$$

式中　Q_0——无被测导体影响下的 Q 值，$Q_0 = \omega L_1 / R_1$；

Z_2——被测导体中电涡流部分的等效阻抗，$Z_2 = \sqrt{R_2^2 + (\omega L_2)^2}$。

由式（3.3-5）可看出，Q 值是互感系数 M 平方的函数，可表示为

$$\frac{Q}{Q_0} = f(M^2) = \frac{1 - \dfrac{L_2}{L_1}\left(\dfrac{\omega M}{Z_2}\right)^2}{1 + \dfrac{R_2}{R_1}\left(\dfrac{\omega M}{Z_2}\right)^2} \tag{3.3-6}$$

而互感系数 M 与被测导体和传感器的距离 x 有关，无论被测导体是导磁材料还是非导磁材料，互感系数 M 都随 x 的增大而减小。因此，Q 值随 x 的增大而增大，仅是灵敏度有所差别。另外，Q 值与 x 的特性曲线是非线性的，应尽量利用它的近似线性段。

3.3.2.3　二次阻抗特性

当传感器与未知物理性质的被测物体耦合时，即不同性质的被测材料与传感器间的阻抗特性被称为二次阻抗特性。

在涡流检测技术中，不仅希望解决集合量与传感器输出量的关系，还希望能检测出与金属的物理和化学性质有关的参数（例如电导率、硬度）以及缺陷。电感器的阻抗由式（3.3-4）表示，可以看出，由于被测导体的耦合，传感器阻抗与空载阻抗相比发生了变化，其实数部分的增量 ΔR 为

$$\Delta R = \frac{\omega^2 M^2}{R_2^2 + (\omega L_2)^2} R^2 \tag{3.3-7}$$

虚数部分的增量 $\omega \Delta L$ 为

$$\omega\Delta L = -\frac{\omega^2 M^2}{R_2^2 + (\omega L_2)^2}\omega L_2 \qquad (3.3-8)$$

将式（3.3-7）除以式（3.3-8）可得

$$\frac{\Delta R}{\omega\Delta L} = -\frac{R_2}{\omega L_2} \qquad (3.3-9)$$

式（3.3-9）的物理意义是：对于不同的金属，相应有不同的比值。如果不考虑 M（M 选择适当），并设 ωL_2 常数，由涡流而引起的电阻增量和电感增量，就由金属电导率所决定。测量金属电阻率时，频率不应选择太高，这一点是很重要的。

综上所述，根据涡流传感器的基本原理与阻抗特性，可以把被测量变换成三种不同的输出量，即 Z、L 和 Q。虽然它们彼此关联，但配用相应的测量电路，可以分别反映 Z、L 和 Q 的变化。

3.3.3　涡流传感器的结构形式

涡流传感器实际上是由传感器线圈和被测导体共同组成的，是利用它们之间的耦合的变化来进行测量的。购买来的传感器仅为涡流传感器的线圈部分，设计和使用中还必须考虑被测导体的物理性能、几何尺寸和形状等。

3.3.3.1　变间隙型涡流传感器

变间隙型进行位移测量的原理如图 3.3-1 所示，前面进行了详细的分析，不再陈述。

3.3.3.2　变面积型涡流传感器

这种传感器是利用被测导体与传感器线圈之间相对覆盖面积的变化引起涡流效应的变化来进行测量的，其原理见图 3.3-4。由于涡流传感器轴向灵敏度高，径向灵敏度低，而被测物体和线圈之间存在间隙，运动时很难保持不变，这将影响测量结果。为此可采用将两个传感器线圈串联起来的补偿方法［图 3.3-4（b）］，消除被测导体与线圈间隙变化引起的误差。这种变面积型涡流传感器，测量范围比变间隙型的大，且线性好。

3.3.3.3　螺管型涡流传感器

这种传感器基本上由短路套筒和螺管线圈组成，短路套筒能够沿螺管线圈轴向移动，其原理见图 3.3-5。短路套筒采用铜或银材料制成。所以螺管型涡流传感器具有与螺管型自感和互感传感器相类似的特性，但不存在铁损。

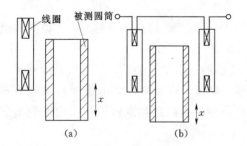

图 3.3-4　变面积型涡流传感器
测量位移原理

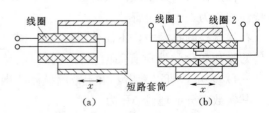

图 3.3-5　短路套筒涡流传感器

3.3.3.4 低频透射涡流传感器

这种类型与前三种类型主要不同点在于它采用低频激励，因而能得到较大的贯穿深度，适用于测量金属材料的厚度等。如图3.3-6所示，传感器由两个线圈组成，一个发射线圈，一个接受线圈，并分别位于被测材料的两侧。被测导体越厚，电涡流损耗越少，发射线圈的磁力线被抵消的越多，这样到达接受线圈的磁力线越小，感应电动势 $\dot{U}_2$ 也就越小。

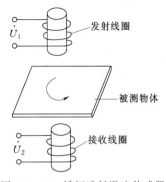

图 3.3-6　低频透射涡流传感器

3.4　电感传感器的应用

电感传感器用于测量位移原理已详细进行了分析，如果增设不同的敏感元件就可以测量力、压力、加速度、流量等物理量，下述几例将有助于开拓思路。

3.4.1　加速度传感器

图3.4-1中弹簧和衔铁固定在一起，因此衔铁的位移受弹簧的约束。当衔铁受加速度的作用时，弹簧受力变形，变形的大小与衔铁所受加速度的大小有关。设衔铁的质量为 M，且不考虑弹簧的质量，当传感器以加速度 a 运动时。则有

$$Ma = kx \qquad (3.4-1)$$

式中　k——弹簧的弹性模量；

　　　x——衔铁的位移（弹簧变形）。

将加速度对衔铁的作用转换成传感器可以测量到的位移。

3.4.2　流量传感器

图3.4-2中，当流体的黏性、密度等一定的情况下，流体的流量与浮子最大外径和锥形管壁之间的环形面积成正比，而该面积又与浮子上升高度成正比，所以，流量就与固定于浮子上的衔铁的位移成正比。此例中，锥形管与浮子构成了传感器的敏感元件。

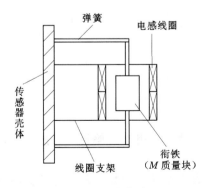

图 3.4-1　加速度传感器原理

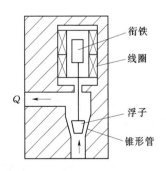

图 3.4-2　流量传感器原理

3.4.3 振幅计

图 3.4-3 是用涡流传感器测量轴的振动和轴径向振动的例子，它可无接触的测量轴的径向和轴向位移。

3.4.4 转速测量

图 3.4-4 为转速测量原理。传感器输出信号的周期是与旋转体的槽数相关的，此信号经放大、整形后，可用频率计的读数求出旋转体的速度。该值与频率和槽的关系为

$$n = \frac{60f}{N} \tag{3.4-2}$$

式中　f——频率值；

　　　N——轴上开的槽数；

　　　n——被测轴的转速，r/min。

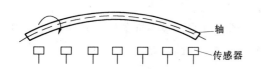

<table>
<tr><td>图 3.4-3　涡流传感器测量轴振动的原理</td><td>图 3.4-4　转速检测原理</td></tr>
</table>

3.4.5 接近开关

图 3.4-5 是电感式接近开关工作原理图。传感器感应线圈与内部电路构成一个 LC 振荡器，在没有金属导体靠近时，此时 LC 振荡电路处于谐振状态；当金属导体接近磁场时，金属内产生涡流效应，导致 LC 振荡电路振荡减弱，振幅减小。经比较、整形处理可以判别"有""无"金属导体靠近。

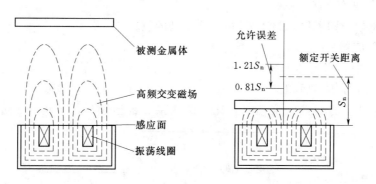

图 3.4-5　电感式接近开关原理

习　题

1. 电感传感器有哪些类型？各有什么特点？

2. 提高电感传感器灵敏度可采取哪些措施？变隙式电感传感器（自感型）的灵敏度与哪些因素有关？

3. 简述压磁效应，试画出利用压磁效应构成改变导磁系数 μ 的自感传感器和改变互感 M 的互感传感器的原理图。

4. 简述变隙式自感传感器的工作原理和输出特性，写出单线圈和差动线圈自感传感器的灵敏度计算公式。

5. 差动变压器式传感器有几种结构形式？各有什么特点？

6. 差动变压器式传感器的等效电路包括哪些元件和参数？各有什么特点？

7. 差动变压器式传感器的零点残余电压产生的原因是什么？怎样减小和消除它的影响？

8. 简述涡流式电感传感器的工作原理及应用。

9. 电涡流传感器分为几类？它们的主要特点是什么？它们的工作原理是什么？

10. 画出利用电涡流传感器检测金属表面淬火硬度的原理图。

第4章 电容传感器

电容传感器是利用电容变换元件将被测参数转换成电容量的变化来实现测量的。电容传感器的结构简单、灵敏度高、动态响应好，并且能实现无接触测量。随着电子技术的迅速发展，这些优点将得到进一步发扬，而它所存在的泄漏电容影响、非线性等缺点又将不断地得到克服，因此电容传感器在自动检测中得到了广泛应用。目前，电容传感器已经成功地应用于液位、物位、压力、差压、湿度、位移、厚度、振动、加速度及荷重等多种参数的检测。

4.1 电容传感器的工作原理

电容传感器是具有一个可变参数的电容器。其最简单的形式便是图 4.1-1 所示的平行板电容器。

当忽略边缘电场影响时，它的电容量为

$$C = \frac{\varepsilon_0 \varepsilon_r S}{d} = \frac{\varepsilon S}{d}(\text{F}) \tag{4.1-1}$$

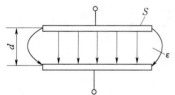

图 4.1-1 平行板电容器

式中　S——两平行极板所遮盖的面积，m^2；

d——两平行极板间的距离，m；

ε——极板间介质的介电常数；

ε_r——极板间介质的相对介电常数；

ε_0——真空介电常数，F/m，$\varepsilon_0 = 8.85 \times 10^{-12}$。

由此可见，当 ε_r、S 或 d 发生变化时，电容量 C 也随之发生变化。只要保持其中两个参数不变，使另外一个参数随被测量的变化而改变，则可通过测量电容的变化量，间接知道被测参数的大小。因此，电容传感器可分为变间隙式、变面积式、变介电常数式三种类型。

4.1.1 改变极板间距 d 的电容传感器

这种类型的电容传感器原理如图 4.1-2 所示。图中，极板 1 是固定不变的，极板 2 为与被测体相连的动极板，当它因被测量改变而移动时，便改变两极板之间的距离，从而使电容量发生变化。若电容器板极间距的初始值是 d_0，初始电容量为

$$C_0 = \frac{\varepsilon S}{d_0} \tag{4.1-2}$$

如果极板间距变化了 Δd，即 $d_0 - \Delta d$，其电容量为

$$C_1 = \frac{\varepsilon S}{d_0 - \Delta d} = \frac{\varepsilon S}{d_0\left(1 - \frac{\Delta d}{d_0}\right)} = \frac{\varepsilon S\left(1 + \frac{\Delta d}{d_0}\right)}{d_0\left(1 - \frac{\Delta d^2}{d_0^2}\right)} \qquad (4.1-3)$$

由式（4.1-3）可见，电容量 C 与 Δd 不是线性关系。当 $\Delta d \ll d_0$ 时，$1 - \frac{\Delta d^2}{d_0^2} \approx 1$，则式（4.1-3）可以简写成

$$C_1 = \frac{\varepsilon S\left(1 + \frac{\Delta d}{d_0}\right)}{d_0} = C_0 + C_0\frac{\Delta d}{d_0} \qquad (4.1-4)$$

这时 C 与 Δd 便呈线性关系。所以改变极板距离的电容式传感器往往设计成 Δd 在极小范围内变化。

4.1.2 改变极板面积 S 的电容传感器

图 4.1-3 是一个角位移传感器的原理图。当动极板有一个角位移 θ 时，两极板的遮盖面积 S 就改变，从而改变了两极板间的电容量。

当 $\theta = 0$ 时

$$C_0 = \frac{\varepsilon S}{d} \text{（F）}$$

当 $\theta \neq 0$ 时

$$C_1 = \frac{\varepsilon S\left(1 - \frac{\theta}{\pi}\right)}{d} = C_0\left(1 - \frac{\theta}{\pi}\right)\text{（F）} \qquad (4.1-5)$$

由式（4.1-5）可见，这种形式的传感器电容量 C 与角位移 θ 是成线性关系的。

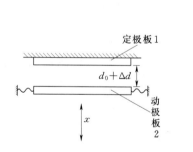

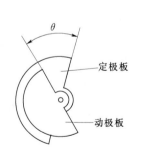

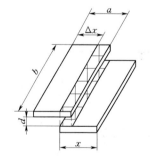

图 4.1-2　变极板间距 d 的
电容传感器

图 4.1-3　电容式角位移
传感器原理图

图 4.1-4　直线位移电容
传感器原理图

图 4.1-4 是一个直线位移传感器的原理图。当动极板沿 x 方向移动 Δx 后，其电容量为

$$C_x = \frac{\varepsilon b(a - \Delta x)}{d} = C_0 - \frac{\varepsilon b}{d}\Delta x \text{（F）} \qquad (4.1-6)$$

式中　C_0——两极板位置对齐时电容器的电容量，$C_0 = \frac{\varepsilon ba}{d}$。

$$\Delta C = C_x - C_0 = -\frac{\varepsilon b}{d}\Delta x = -C_0\frac{\Delta x}{a} \qquad (4.1-7)$$

可见，直线位移式电容传感器的输出特性是线性的。此传感器的灵敏度可用下式求得

$$K = -\frac{\Delta c}{\Delta x} = \frac{\varepsilon b}{d} \qquad (4.1-8)$$

显然是一个常数。增大极板边长 b，减小间隙 d，均可以提高灵敏度。

改变遮盖面积的电容传感器还可以做成其他形式。这一类型的电容传感器多用来检测位移、尺寸等参数。

4.1.3 改变介质介电常数 ε 的电容传感器

各种介质的介电常数参见表 4.1-1。当在两极板间加以空气以外的其他介质时，由于介电常数发生变化，电容量也随之改变。

表 4.1-1　　　　　　　　　　　　电介质相对介电常数

电介质名称	相对介电常数 ε_r	电介质名称	相对介电常数 ε_r	电介质名称	相对介电常数 ε_r
水	80	醋酸纤维素	3.7～7.5	松节油	3.2
丙三醇	47	米及谷类	3.0～5.0	聚四氟乙烯塑料	1.8～2.2
甲醇	37	纤维素	3.9	液氮	2.0
乙二醇	35～40	砂	3.0～5.0	纸	2.0
乙醇	20～25	砂糖	3.0	液态二氧化碳	1.59
白云石	8	玻璃	3.7	液态空气	1.5
盐	6	硫磺	3.4	空气及其他气体	1～1.2
云母	6～8	沥青	2.7	真空	1.0
瓷器	5～7	苯	2.3		

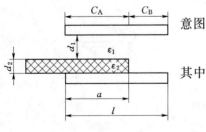

图 4.1-5 改变介电常数电容
传感器原理图

图 4.1-5 为改变介质介电常数的电容传感器原理示意图。其电容量为

$$C = C_A + C_B \qquad (4.1-9)$$

其中

$$C_A = ba\frac{1}{\dfrac{d_2}{\varepsilon_2} + \dfrac{d_1}{\varepsilon_1}}$$

$$C_B = b(l-a)\frac{1}{\dfrac{d_1 + d_2}{\varepsilon_1}}$$

式中　b——极板宽度。

设在极板之间无介质 ε_2 时的电容量为 C_0，则

$$C_0 = \varepsilon_1\frac{bl}{d_1 + d_2} \qquad (4.1-10)$$

将 C_A、C_B 和 C_0 的表达式代入式（4.1-9）可得

$$C = ba \frac{1}{\dfrac{d_2}{\varepsilon_2} + \dfrac{d_1}{\varepsilon_1}} + b(l-a) \frac{1}{\dfrac{d_1 + d_2}{\varepsilon_1}} = C_0 + C_0 \frac{a}{l} \frac{1 - \dfrac{\varepsilon_1}{\varepsilon_2}}{\dfrac{d_1}{d_2} + \dfrac{\varepsilon_1}{\varepsilon_2}} \qquad (4.1\text{-}11)$$

由式（4.1-11）可见，电容量 C 与位移量 a 成线性关系。

4.1.4 差动电容传感器

在实际应用中，为了提高传感器的灵敏度和克服某些外界因素（如电源电压、环境温度等）对测量的影响，常常把传感器做成差动形式，如图 4.1-6 所示。图 4.1-6（a）是改变极板间距离的差动电容传感器原理图，图中两个电容器共用一个动极板，当被测参数的变化使动极板产生位移后，C_1 和 C_2 成差动变化，即其中一个电容器的电容量增加，而另一个电容器的电容量则相应减少。图 4.1-6（b）是改变极板间遮盖面积的差动电容传感器原理图，上、下两个圆筒是定极板，中间的为动极板，当动极板向上移动时，与上极板的遮盖面积增加，而与下极板的遮盖面积减小，两者变化的数值相同，反之亦然。

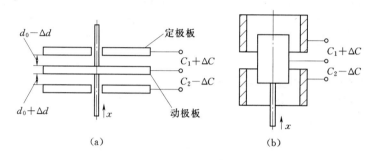

图 4.1-6　差动电容传感器原理图

（a）变 d 类型；（b）S 类型

一般说来，差动式要比单组式的传感器好，差动传感器不但灵敏度高而且线性范围大，并具有较高的稳定性。绝大多数电容传感器可制成一极多板的形式。多片型相当于一个大面积的单片传感器，但它能缩小尺寸。n 层重叠板组成的多片组电容器具有类似的单片组电容器的 $(n-1)$ 倍电容量。

4.2　电容传感器的应用

4.2.1　电容传感器的优缺点

4.2.1.1　电容传感器主要优点

（1）需要的作用能量低。由于带电极板间的静电吸力很小，因此电容传感器特别适宜用来解决输入能量低的测量问题。

（2）可获得较大的相对变化量。用电阻丝应变片测量时，一般得到电阻的相对变化小于 1%。这主要是受到应变片极限应变值的限制。电容式传感器的相对变化量只受线性和其他实际条件的限制。如使用高线性电路时，电容变化量可达 100% 或更大，因此电容传感器具有较高的信噪比。

（3）能在恶劣的环境条件下工作。电容传感器在高温、低温及强辐射等各种环境中也能理想地工作，其原因在于这种传感器通常不需要使用有机材料或磁性材料，而这些材料通常是不能用于上述恶劣环境的。

（4）本身发热的影响小。电容传感器用真空、空气或其他气体作为绝缘介质时，介质损失非常小。因此介质本身发热对这类传感器的影响可以忽略不计。

（5）动态响应快。由于电容传感器动极板质量轻，输入能量较低，这意味着它的动态系统的固有频率较高。此外，动态响应快还表现在电容式传感器的介质损失小，可工作在兆赫的范围内，因此具有很高的截止频率。

4.2.1.2　电容传感器的缺点

（1）输出特性的非线性。电容传感器的电容量 C 和极板间距离 d 是非线性关系。虽然采用差动式结构可以改善非线性，但由于存在泄漏电容和不可避免的不一致性，因此也不能完全消除输出特性的非线性。

（2）泄漏电容的影响。传感器的电容量及电容的变化量一般小于泄漏电容量。泄漏电容是由支持构件及连接电缆所引起的。这些泄漏电容不仅降低了转换效率，还将引起测量误差。电子测量线路安装在靠近电容传感器极板的地方，可消除电缆分布电容的影响。

（3）易受外界电场的干扰。将电容传感器连同电路装在一个屏蔽壳体中，信号传输导线采用屏蔽电缆，这样可以减少外界干扰、泄漏电容和寄生电容的影响，也能提高传感器的灵敏度。

目前电容传感器利用变 d 和 S 在位移（直线和转角）、压力、振动等方面的检测有广泛的应用。电容传感器的变介电常数 ε 的检测方法是它明显的特点，利用变介电常数 ε 的办法可以检测密闭容器中的液位、不导电松散物质的料位、物质中的含水量、非导电材料的厚度、非金属材料涂层等。

4.2.2　电容传感器的测量电路

一般电容传感器的电容变化在 $10^{-6} \sim 10^{-3}\,\mathrm{pF}$ 范围内，相对变化量（$\Delta C/C$）则在 $10^{-6} \sim 1$。要获得精确的测量值，多采用交流电桥测量电路及紧耦合电桥测量电路。对于测量精度要求不高或电容变化量相对较大的情况下，可以采用脉冲调宽电路、谐振电路和调频电路，这些电路不但有比较高的灵敏度，而且特别适用于测量信号的远距离传送。

由于电容传感器的输出阻抗取决于供电电源的频率，提高频率可以增加灵敏度减小绝缘电阻，通常频率在 $50\,\mathrm{Hz}$ 以上。为了避开工频干扰，电源频率一般在几百赫兹到几千赫兹之间，过高的电源频率会使信号的放大、传输和处理变得复杂。

4.2.3　应用举例

4.2.3.1　电容式荷重检测

图 4.2-1 是检测载荷重量的电容式荷重传感器结构原理图。在载荷力的作用下，弹性敏感构件将发生变形，造成构件圆孔内的电容极板间距发生变化，因此电容量随着载荷重力变化而变化。通常电容是并联连接，所以输出信号反映的是平均载荷重量。

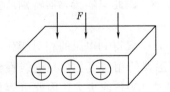

图 4.2-1　电容式荷重传感器
结构原理图

4.2.3.2 听诊器

图 4.2-2 是电容式听诊器结构原理。绷紧的膜片受声压的作用使间隙 δ 发生变化，从而改变了极板间的电容。

4.2.3.3 电容式压力传感器

图 4.2-3 为差动式压力传感器。位于中心的弹性感压膜片是动极板，与两侧固定的弧形极板构成电容 C_1 和 C_2。当压力 $P_1 = P_2$ 时，感压膜片处于中心位置，则有 $C_1 = C_2$；当压力 $P_1 > P_2$ 时，感压膜片在压力的作用下向右变形，则 C_1 因为极板间距变大而减小，C_2 因为极板间距减小而变大，这样就将压力变化转换成电容变化，利用差动电桥或谐振等测量电路可以获得与压力对应的电量信号值。

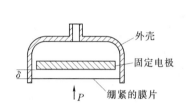
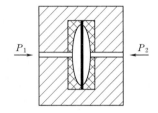
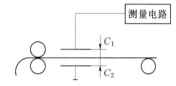

图 4.2-2 听诊器结构　　图 4.2-3 差动式压力传感器　　图 4.2-4 金属带材厚度检测

4.2.3.4 金属带材厚度检测

图 4.2-4 用来测量金属带材在轧制过程中厚度。其工作原理是在被测带材的上下两侧各置一块面积相等，与带材距离相等的极板，这样极板与带材就构成了两个电容器 C_1 和 C_2。把两块极板用导线连接起来就成为一个极，而带材就是电容的另一个极。如果带材的厚度发生变化，将引起电容量的变化。

4.2.3.5 液位检测

电容式液位计是利用将被测介质的液面变化变换为电容器电容的变化来实现的。如图 4.2-5 所示，直径为 d 的不锈钢或紫铜内电极，外套保护管或涂层作为电介质和绝缘层，如果容器为金属，直径为 D_0，其长度为 L，当导电液体高度为 H 时，则形成了圆柱极板电容，其值为

$$C = \frac{2\pi\varepsilon H}{\ln D_0/d} + \frac{2\pi\varepsilon_1(L-H)}{\ln D/d} \qquad (4.2-1)$$

式中　ε——绝缘套管或涂层的介电系数；

　　　ε_1——未被液体浸没的空间介质的介电系数。

当 $H = 0$ 时为空容器，则有

$$C_0 = \frac{2\pi\varepsilon_1 L}{\ln D_0/d} \qquad (4.2-2)$$

将上两式相减，便得到对应于液位 H 的电容 C_x

$$C_x = C - C_0 = \left(\frac{2\pi\varepsilon}{\ln D/d} - \frac{2\pi\varepsilon_1}{\ln D_0/d}\right)H$$

$$(4.2-3)$$　图 4.2-5 电容式液位计的原理

设计时，令 $D_0 \gg d$ ，$\varepsilon_1 \ll \varepsilon$ ，则 $\dfrac{2\pi\varepsilon_1}{\ln D_0/d}$ 可不计，于是

$$C_x = \frac{2\pi\varepsilon}{\ln D/d}H = KH \qquad\qquad (4.2-4)$$

式中　K——传感器的灵敏度。

4.2.3.6　电容式接近开关

图 4.2-6 为电容式接近开关原理图。当被测物体为导体时，被测物体的感应面形成一个反电极，并与 A、B 之间构成串联电容，串联电容的电容量大小与物体距离极板间距相关，距离越近电容值越大。当被测量是绝缘材料时，相当于在 A、B 之间放入介电常数为 ε 的绝缘体。

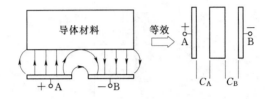

图 4.2-6　电容式接近开关原理图

习　题

1. 电容式传感器有哪些结构类型？简述它们的工作原理与分类。
2. 试说明电容式传感器检测导体或绝缘体时的工作原理。
3. 试绘出检测不同物质中含水量的电容传感器的可能结构。
4. 简述电容传感器的优缺点。

第5章 光电传感器

随着微电子技术、光电半导体器件、光导纤维技术、激光技术、光栅技术的发展，光电传感器的应用越加广泛。光电传感器是将光信号转换为电信号的装置，使用它测量非电量时，需要将这些非电量的变化转换成光信号的变化。这种测量方法具有结构简单、非接触、高可靠性、高精度和反应快等优点，故广泛用于各种自动检测系统中。

本章仅讲述光电器件及其组成的传感器，光栅传感器、光导纤维传感器、激光传感器将放在后面的章节讲述。

5.1 光 电 效 应

光电元件的理论基础是光电效应。自然界的一切物体在环境温度高于0K以上时都会产生光波辐射，光是波长在 $0.01\sim100\mu m$ 之间的电磁辐射，其光谱见图 5.1-1。光也可以被看做是由一连串具有一定能量的粒子（称为光子）所构成，每个光子具有的能量 γ 正比于光的频率 ν。所以，用光照射某一物体，就可以看作这物体受到一连串能量为 γ 的光子所轰击，而光电效应就是由于这物体吸收到光子能量为 γ 的光后产生的电效应。通常把光线照射到物体后产生的光电效应分为两类，即外光电效应和内光电效应。

图 5.1-1 光谱范围

5.1.1 外光电效应

在光线作用下，电子获得光子的能量从而脱离正电荷的束缚，使电子逸出物体表面，称外光电效应，这种现象称为光电发射。已知每个光子具有的能量为

$$\gamma = h\nu \tag{5.1-1}$$

式中　h——普朗克常数，$h = 6.626 \times 10^{-34} J \cdot S$；

　　　ν——光的频率，s^{-1}。

爱因斯坦光电效应方程

$$h\nu = A_0 + \frac{1}{2}mV_0^2 \tag{5.1-2}$$

式中第一项 A_0 是电子逸出物体表面所需的功；第二项是逸出物体表面的电子所具有的动能。由上式可知：

（1）电子能否逸出物体表面取决于光子具有的能量 γ 是否大于 A_0，而 γ 只与光的频率 ν 有关，光强再大也不会产生光电发射。

（2）如果产生了光电发射，在入射光频谱不变的情况下，逸出的电子与光强成正比。光强越强意味着入射的光子数目越多，受轰击逸出物体表面的电子数目越多。

基于外光电效应的光电元件有光电管、光电倍增管等。

5.1.2　内光电效应

5.1.2.1　光电导效应

在光线作用下，电子吸收光子能量从键合状态过渡到自由状态而使物体电阻率改变的现象称为光电导效应。

有些半导体在黑暗环境下的电阻是很高的，但当它受到光线照射时，若光子能量 γ 大于本征半导体材料的禁带宽度 E_g，则禁带中的电子吸收一个光子后就足以跃迁到导带，激发出电子—空穴对，从而加强了导电性能，使阻值降低，且照射的光线越强，阻值也变得越低，光照停止，自由电子与空穴逐渐复合，电阻又恢复原值。基于内光电效应的光电元件有光敏电阻，以及由光敏电阻制成的光导管等。

5.1.2.2　光生伏特效应

在光线作用下能使物体产生一定方向电动势的现象称为光生伏特效应，它可分为两类。

（1）结光电效应。以 PN 结为例，当光照射 PN 结时，若光子能量 γ 大于半导体材料的禁带宽度 E_g，则使价带的电子跃迁到导带，便产生一个自由电子—空穴对。在阻挡层内电场的作用下，被激发的电子移向 N 区的外侧，被激发的空穴移向 P 区的外侧，从而使 P 区带正电，N 区带负电，形成光生电动势。基于结光电效应的光电元件有光电池和光电晶体管等。

（2）侧向光电效应。当光照射半导体光电器件的灵敏面时，光照部分吸收光子能量便产生自由电子—空穴对，这部分的载流子浓度比未被光照部分的载流子浓度大，就产生了浓度梯度，由光照部分和未被光照部分的载流子浓度梯度产生的电动势，称为侧向光电效应。基于侧向光电效应的光电元件有位置光敏元件等。

5.2　光　电　元　件

5.2.1　光敏电阻

光敏电阻是由一块两边带有金属电极的均质光电半导体组成，其工作原理是光电导效应，图 5.2-1 为光敏电阻的结构图。

光敏电阻具有很高的灵敏度，光谱响应的范围可以从紫外线到红外线区域，而且体积小，性能稳定，价格较低，所以被广泛应用在自动检测系统中。光敏电阻的种类繁多，一般由金属的硫化物、硒化物、碲化物等组成（如硫化镉、硫化铅、硫化铊、硒化镉、硒化铅、铈化铅等）。由于所用材料的不同、工艺过程的不同，它们的光电性也相差很大。如果将光敏电阻与电阻串联，同时连接电源，当光照到光敏电阻上时，它的阻值就急剧下降，串联电阻上的分压增大，光敏电阻的分压减小，在电阻两端或光敏电阻两端即有电信

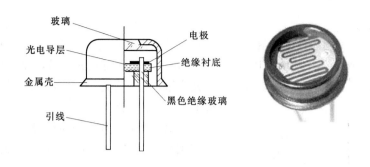

图 5.2-1　金属封装的硫化镉光敏电阻结构图

号输出。

光敏电阻的主要参数和基本特性如下。

5.2.1.1　暗电阻与亮电阻

光敏电阻在不受光照射时的阻值称"暗电阻"，或称暗阻，此时流过的电流称"暗电流"；光敏电阻在受光照射时的阻值称"亮电阻"，或称亮阻，此时流过的电流称"亮电流"。而亮电流与暗电流之差即为"光电流"。光电流越大，说明暗电阻与亮电阻的差值越大，光敏电阻的性能越好，灵敏度越高。实际上光敏电阻暗阻值可达到兆欧数量级，亮阻值则在几千欧姆以下。

5.2.1.2　伏安特性

在一定光照强度下，光敏电阻的两端所加电压和电流的关系曲线称为光敏电阻的伏安特性，如图 5.2-2 所示。不同的光照度可以得到不同的伏安特性，表明电阻值随光照度变化。光照度不变的情况下，电压越高，光电流也越大，而且没有饱和现象。当然，与一般电阻一样其工作电压和电流都不能超过规定的最高额定值。

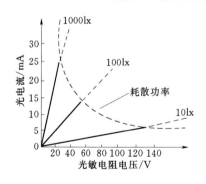
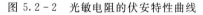
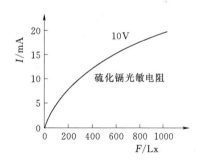

图 5.2-2　光敏电阻的伏安特性曲线　　　图 5.2-3　光敏电阻的光照特性曲线

5.2.1.3　光照特性

在一定的电压下，光敏电阻的光电流 I 和光强 F 的关系曲线，称为光敏电阻的光照特性。不同的光敏电阻的光照特性是不同的，但大多数情况下，曲线的形状类似图5.2-3所示。由于光敏电阻的光照特性曲线是非线性的，因此不适宜做线性敏感元件，这是光敏电阻的缺点之一，所以在自动控制中它常用作开关量的光电传感器。

5.2.1.4 光谱特性

光敏电阻对于不同波长的入射光，其相对敏感度也是不同的。各种不同材料的光谱特性曲线如图 5.2-4 所示。从图中可以看出，硫化镉的峰值在可见光区域，而硫化铅的峰值在红外区域。因此，在选用光敏电阻时，应与光源结合起来考虑，才能获得满意的匹配。

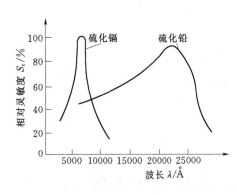

图 5.2-4　光敏电阻的光谱特性

5.2.1.5　频率特性和响应时间

当处于黑暗的光敏电阻突然受到一定强度的光照射时，光电流并不是立刻达到相应的电流值。当光照停止后，光电流也不能立刻降为零。光电流逐渐增长或下降所经历的时间，被称为响应时间。响应时间的长短用时间常数 τ 来描述，多数光敏电阻的时间常数 τ 在 $10^{-6} \sim 10^{-2}$ 之间。图 5.2-5（a）是硫化镉光敏电阻的响应时间曲线，从图上可看出响应时间除了受光敏材料制约外，还与光照强度相关。

不同材料的光敏电阻有不同的响应时间，因此，它们跟随变化速度很快的光照时，表现的能力也不一样。当光照强度变化的频率很高时，光敏电阻的响应过程不能充分完成，则表现为灵敏度下降。图 5.2-5（b）描述了光敏电阻的相对光谱灵敏度与光照强度变化的关系，即频率特性曲线。

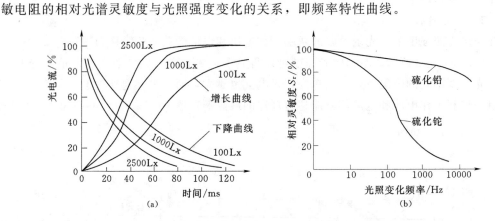

图 5.2-5　光敏电阻响应时间和频率特性曲线
（a）响应时间曲线；（b）频率特性曲线

5.2.1.6　光谱温度特性

光敏电阻和其他半导体器件一样对温度比较敏感，随着温度的升高，它的暗阻和灵敏度都下降。温度特性可以用温度系数 α 来描述，即

$$\alpha = \frac{R_2 - R_1}{(T_2 - T_1)R_2} \times 100\% \qquad (5.2-1)$$

式中　R_1——在一定光照下，温度为 T_1 时的电阻；

　　　R_2——在一定光照下，温度为 T_2 时的电阻。

α 越小光敏电阻的温度特性就越好。同时温度变化也影响它的光谱特性曲线，图 5.2-6

表示出硫化铅的光谱温度特性，即在不同温度下的相对灵敏度 K_r 和入射光波长 λ 的关系曲线。从图可以看出，它的峰值随着温度上升向短波方向移动。因此，有时为了提高元件的灵敏度，或为了能接受远红外光而采取降温措施。

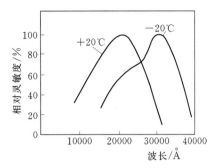

图 5.2-6 硫化铅光敏电阻的光谱温度特性

5.2.2 光电池

常用的光电池有两种：一种是 PN 结型，如硅光电池、锗光电池等；另一种是金属—半导体接触型，如硒光电池、氧化亚铜、硫化铊、硫化镉、砷化镓光电池等。其工作原理是基于光生伏特效应。它们当中最受重视的是硅光电池，因为它有一系列优点：性能稳定、光谱范围宽、频率特性好、传递效率高、能耐高温辐射等。因此下面着重介绍硅光电池。另外，由于硒光电池的光谱峰值位置在人眼的视觉范围，所以很多分析仪器，测量仪器亦常用到它。电池的基本特性如下。

5.2.2.1 光照特性

图 5.2-7 为硅光电池的光照特性曲线。短路电流是指负载电阻相对于光电池的内阻来讲是很小时的电流。负载电阻在 100Ω 以下，短路电流与光照 E_e 有比较好的线性关系，负载电阻过大，则线性变坏，这一点很重要。开路电压是指负载电阻远大于光电池的内阻时光电池两端的电压，它具有饱和特性。因此，把光电池作为敏感元件时，应该把它当做电流源的形式使用，即利用短路电流与光照度成线性的特点，这是光电池的主要优点之一。

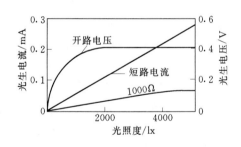

图 5.2-7 硅光电池的光照特性曲线

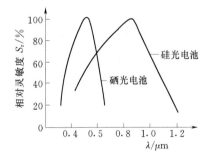

图 5.2-8 光电池的光谱特性曲线

5.2.2.2 光谱特性

图 5.2-8 为光电池的光谱特性曲线。从曲线上可以看出：不同材料的光电池的光谱峰值位置是不同的。例如硅光电池可在 $0.45\mu m$ 左右范围内使用，而硒电池只能在 $0.34\sim0.57\mu m$ 范围内应用。在实际使用中应根据光源性质来选择光电池，但要注意光电池的光谱峰值不仅与制造光电池的材料有关，同时也随使用温度而变。

5.2.2.3 光电池的频率特性

图 5.2-9 所示光的调制频率 f 和光电池相对输出电流 I_r 的关系曲线。所谓相对输出电流 I_r，是指高频时的输出电流与低频时的输出电流之比。可以看出，硅光电池具有较高

的频率响应，而硒光电池较差。因此，在高速计数器，有声电影以及其他方面多采用硅光电池。

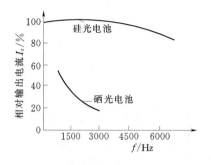

图 5.2-9 光电池的频率特性

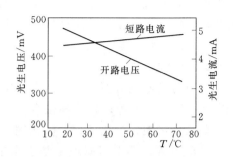

图 5.2-10 光电池的温度特性曲线

5.2.2.4 光电池的温度特性

光电池的温度特性是描述光电池的开路电压 U、短路电流 I 随温度 t 变化的曲线。由于它关系到应用光电池设备的温度漂移，影响到测量精度或控制精度等主要指标，因此，它是光电池的重要特性之一。从图 5.2-10 的光电池的温度特性曲线中可以看出，开路电压随温度增加而下降的速度较快，短路电流随温度上升而增加的速度却很缓慢。因此，当光电池作为敏感元件时，在自动检测系统设计时就应该考虑到温度的漂移，需采取相应措施进行补偿。

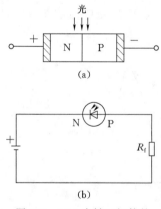

图 5.2-11 光敏二极管的
原理和接线图

5.2.3 光敏晶体管

5.2.3.1 光敏二极管和光敏三极管的结构与工作原理

光敏二极管的结构与一般二极管相似，它的 PN 结装在管的顶部，可以直接受到光的照射。光敏二极管在电路中一般是处于反向工作状态，如图 5.2-11 所示。在图 5.2-11（a）中给出了光敏二极管的原理图，图 5.2-11（b）中给出的光敏二极管的接线图。在没有光照射时反向电阻很大，反向电流很小，这时反向电流称为暗电流。但光照射光敏二极管时，光子打在 PN 结附近，使 PN 结附近产生光生电子—空穴对，它们在 PN 结处的内电场作用下作定向运动，形成光电流，光照度越大，光电流越大。因此，在不受光照射时，光敏二极管处于截止状态；受光照射时，光敏二极管处于导通状态。

光敏三极管有 PNP 型和 NPN 型两种，原理如图 5.2-12 所示，其结构与一般三极管很相似。光敏三极管的工作原理是这样的：当光照射到 PN 结附近，使 PN 结附近产生光生电子—空穴对，它们在 PN 结处的内电场作用下，作定向运动形成光电流，因此，PN 结的反向电流大大增加，由于光照射发射结产生的光电流相当于三极管的基极电流。因此，集电极电流是光电流的 β 倍，所以光电三极管比光电二极管具有更高的灵敏度。

60

5.2.3.2 光敏晶体管的基本特性

1. 光敏晶体管的光谱特性

如图 5.2-13 所示，即为光敏晶体管的光谱特性曲线。从特性曲线可以看出，硅管的峰值波长为 $0.9\mu m$ 左右，锗管的峰值波长为 $1.5\mu m$ 左右。由于锗管的暗电流比硅管大，因此，一般来说，锗管的性能较差，故在可见光或探测赤热状态物体时，都采用硅管。但对红外光进行探测时，锗管较为合适。

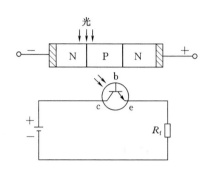

图 5.2-12　光敏三极管的
原理和接线图

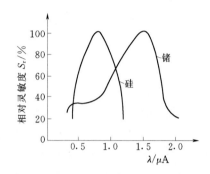

图 5.2-13　光敏晶体管的光谱
特性曲线

2. 光敏晶体管的伏安特性

图 5.2-14 为锗光敏晶体管的伏安特性曲线。光敏晶体管在不同照度 E_e 下的伏安特性，就像一般晶体管在不同的基极电流时的输出特性一样。只要将入射光在发射极与基极之间的 PN 结附近所产生的光电流看作基极电流，就可将光敏晶体管看成一般的晶体管。

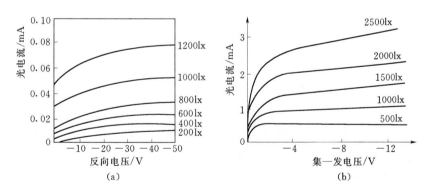

图 5.2-14　光敏晶体管的伏安特性
(a) 二极管；(b) 三极管

3. 光敏晶体管的光照特性

图 5.2-15 所示为光敏晶体管的光照特性曲线。它给出了光敏晶体管的输出电流 I_e 和照度 E_e 之间的关系。从图中可以看出它们的关系曲线近似地可以看做是线性关系。

61

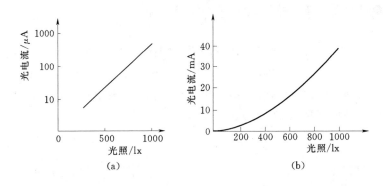

图 5.2-15　光照特性曲线

（a）硅光敏二极管；（b）硅光敏三极管

4. 光敏晶体管的温度特性

图 5.2-16 为光敏晶体管的温度特性曲线，它给出了暗电流及输出电流与温度的关系。从曲线可知，温度变化对输出电流的影响较小，主要由光照度所决定。而暗电流随温度变化很大，所以在应用时应在线路上采取措施进行温度补偿。

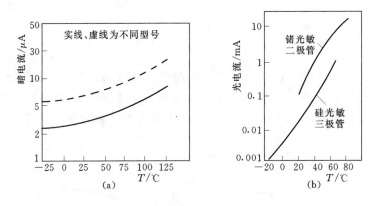

图 5.2-16　光敏管的温度特性曲线

（a）暗电池-温度曲线（$U_{ce}=10V$，500lx）；（b）光电流-温度曲线

5. 光敏晶体管的时间常数

实验表明：光敏晶体管可以看成一个非周期环节。一般锗管的时间常数约为 $2×10^{-4}$ s，而硅管的时间常数在 10^{-5} s 左右。当检测系统要求快速时，往往选择硅光敏晶体管。

5.2.4　CCD 固体图像传感器

目前通用的固体图像传感器器件分为四种基本类型：①电荷耦合器件（CCD 阵列），它有线阵和面阵两种；②光电二极管阵列（SSPD 阵列），也有线阵和面阵两种；③电荷耦合光电二极管（CCPD 阵列），它兼有 CCD 低噪特性和 SSPD 较高响应一致性的特性；④电荷注入器件（CID 阵列），目前在工业中尚未得到广泛应用。

CCD 是一种半导体器件，其工作原理：在 N 型或 P 型硅衬底上生长一层很薄的二氧化硅，再在二氧化硅薄层上依次序沉积金属电极，这种规则排列的 MOS 电容器阵列再加上两端的输入及输出二极管就构成了 CCD 的芯片。CCD 可以把光信号转换成电脉冲信号。每一个脉冲只反映一个光敏元的受光情况，脉冲幅度的高低反映该光敏元受光的强弱，输出脉冲的顺序可以反映光敏元的位置，这就起到图像传感器的作用。

图 5.2 - 17 （a）、（b）为线阵 64 位 CCD 的结构原理示意图。这种比较简单的线阵 64 位 CCD 其基本工作原理是：每个光敏元对应有三个相邻的转移栅电极 1、2、3，所有电极彼此间离得足够近，以使硅表面的耗尽区和电荷的势阱交叠，所有的 1 电极相连并加以时钟脉冲 ϕ_{A1}，所有的 2、3 也是如此，并加时钟脉冲 ϕ_{A2}、ϕ_{A3}。这三个时钟脉冲在时序上相互交叠，见图 5.2 - 17 （c）。

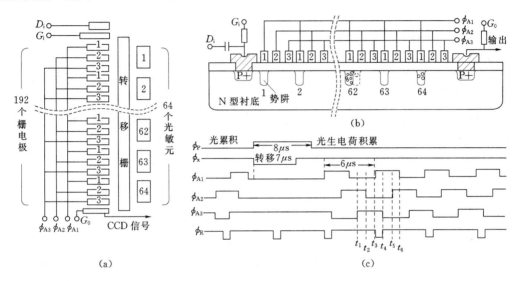

图 5.2 - 17　64 位 CCD 结构原理示意图

（a）结构图；（b）电荷转移原理图；（c）各驱动波形图

当光透过片子顶面或背面照到光敏元时，光敏元中便会因光子的轰击而产生电子—空穴对，即光生电荷。入射光强则光生电荷多，弱则光生电荷少，无光照处的光敏元则无光生电荷。这样就在转移栅实行转移前，在产生电荷的光敏元中积累着一定量的电荷。

当转移栅实行转移时，如图 5.2 - 17 （c）所示，在 $t_1 \sim t_2$ 时段，由于 ϕ_{A1} 是低电平，低电平使电极 1 下面的 N 型硅衬底中的多数载流子（电子）受到排斥而离开 Si - SiO$_2$ 界面留下一个耗尽区，即产生一个势阱；而电极 2、3 却因为加的是高电平，从而垒起阱壁，这样光生电荷（少数载流子-空穴）在电极低电平的吸引作用下聚集在 Si - SiO$_2$ 界面处，即落在势阱里不能运动。例如第 62 位、64 位光敏元受光，而第 1、2、63 位等单元未受光照，则此刻形成图 5.2 - 17 （c）所示的情况。

在 $t_2 \sim t_3$ 时段，当 ϕ_{A1} 低电平未撤除前，ϕ_{A2} 也变为低电平，而 ϕ_{A3} 仍是高电平，这样电极 2 下面也形成势阱，且和电极 1 下面势阱交叠，因此贮存在电极 1 下面势阱中的电荷包扩散和漂移到 1、2 电极下较宽势阱区，而由于电极 3 上的高电平无变化，所以仍高筑阱壁，势阱里的电荷不能往电极 3 下扩散和漂移。

在 $t_3 \sim t_4$ 时刻，ϕ_{A1} 变为高电平，ϕ_{A2} 为低电平，这样电极 1 下面的势阱被撤除而成为阱壁，这就迫使电极 1 下原势阱内的光生电荷转移到电极 2 下的势阱内，由于电极 3 下仍是阱壁，所以不能继续前进，这样电荷由电极 1 下转移到电极 2 下，完成了一次转移。再继续下去电荷包转移到电极 3 下面的势阱内，如果再继续下去，则最靠近输出端的第 64 位光敏元所产生的电荷便从输出端输出，而第 62 位光敏元所产生的电荷到达 63 位电极 1 下的势阱区，就这样依次不断地向外输出。根据输出先后则可以辨别出电荷包是从哪位光敏元来的，而且根据输出电荷量的多少，可知该光敏元的受光强弱。如图 5.2 - 17 （b）所示，首先出来"三个"电荷说明第 64 位光敏元受光照，但较弱。接着无电荷输出，说明第 63 位光敏元无光照。再接着有"六个"电荷输出，说明第 62 位光敏元受光较强。输出电荷经由放大器放大后变成一个个脉冲信号，电荷多，脉冲幅度大，电荷少则小，这样便完成了光电模拟转换。这种转移结构称为三相驱动结构（串行输出），当然还有两相、四相等其他驱动结构。

为了保证势阱内的电荷能全部有序地转移到输出端，因此对三相驱动波形有严格的相位关系要求。

CCD 也可以在输入端 D_i 用电形式输入被转移的电荷，或用作补偿器件在转移过程中的电荷损失，从而提高转移效率。电荷输入的多少，可用改变二极管偏置电压，即改变 G_i 来控制。

5.3 光电传感器的类型及应用实例

5.3.1 光电传感器使用的光源类型

光源的选择与光电传感器的频率特性有着密切的关系，这里介绍几种常用的光源。

（1）钨丝灯。其发光机理为：钨丝通电后将电能转换成热能，炽热的钨丝便产生光辐射。因此，它具有丰富的红外光频谱，适合与硫化铅类光敏元件配用。由于它的亮电阻比暗电阻大几十倍，所以在开启时会有很高的冲击电流。灯丝发热和冷却都需要一定的时间，因此不能用作高频变化的灯源，也不适宜工作在强烈振动的环境中。

（2）弧光灯。它以电弧放电激发易电离的惰性气体（如氙）产生光。电弧石英灯具有丰富的紫外线频谱，直流驱动下有较稳定的电弧，寿命较长。

（3）发光二极管（LED）。它是半导体 PN 结辐射光源，当过剩的导带电子跳回到价带与空穴复合时释放出光子。导带和价带的带隙不同，释放出光子的波长也有所不同，波长在 $0.58\sim34\mu m$。发光二极管一般分为红外发光管和可见光发光管两类。由于它是固态发光器件，所以它不怕振动。但它的功率较小，可用多个发光二极管组成大功率光源，它可用作高频变化光源，频率可达几十 kHz。大多数发光二极管的顶部都作成透镜形式，因此有很好的聚光特性。

（4）激光光源。是根据受激发射原理工作的光源，当电子受激发从高能级跳回到低能级时，发射出光子。它比其他光源亮度更高，而且频率单一，有更好的方向性、单色性和聚焦性。在传感器应用中，常用激光二极管作为光源。砷化镓激光器的室温波长为 $0.905\mu m$，随温度的漂移约为 $0.25nm/℃$。

5.3.2 应用实例

光电传感器在自动检测等系统中有着广泛的应用。

5.3.2.1 光电耦合器

光电耦合器是由发光元件和光电元件同时封在一个外壳内组合而成的转换元件。光电耦合器是由砷化镓发光二极管和硅光敏二极管或硅光电池相对组装在一支架上，两管之间有一定的间隙，如图5.3-1所示，当有被测物体在间隙中通过，将发光二极管照射在硅光敏管的光遮挡，输出端则产生电平变化（开关量输出），用以实现光电自动控制。

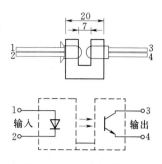

图5.3-1 光电耦合器

5.3.2.2 光电开关电路

图5.3-2是光电开关原理。图5.3-2（a）中发光二极管在固定频率的调制电源驱动下发出脉冲光，该光经被测目标反射回到光敏元件接受端，在通过滤波、放大、整形等电路，最终输出开关响应信号。如果被测目标不能将光返回到光敏元件接受端，则传感器无响应输出。图5.3-2（b）为对射型光电开关工作原理。图5.3-2（c）为具有反射板型光电开关工作原理。

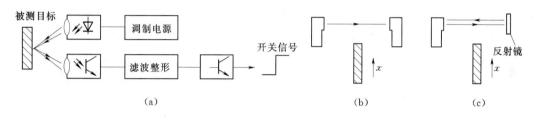

图5.3-2 光电开关原理图

5.3.2.3 光电式转速传感器

图5.3-3所示为光电式转速传感器结构，指示盘与旋转盘有相同间距的缝隙，当旋转盘转动时，转过一条缝隙，光线便产生一次明暗变化使光敏元件感光一次，用这种结构可以增加转盘上的缝隙数，因此，使每转的脉冲数相应增加。由于这种测速方法具有传感器结构简单、可靠、测量精度高等优点，因此非接触式的光电数字转速仪表得到了广泛的应用。

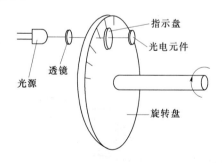

图5.3-3 光电式转速传感器

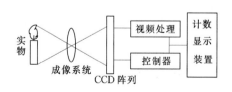

图5.3-4 小零件尺寸的测量系统

5.3.2.4 尺寸自动检测

如图5.3-4所示，被测小零件成像在CCD。设相邻光敏元中心距离为d，零件成像覆盖的光敏元数目为N，从CCD元件上读出的图像尺寸与工件尺寸关系为：

(1) 在光学系统放大率为1∶1的装置中，图像尺寸等于工件尺寸，即

$$L = Nd \pm 2d \tag{5.3-1}$$

(2) 在光学系统放大率为1∶M的装置中，则有

$$L = (Nd)M \pm 2d \tag{5.3-2}$$

式中的$\pm 2d$为图像末端两个光敏元之间的最大可能误差。由于这样检测只要求工件图像轮廓清晰，因此并不需要传感器位数很多，通常在128～1024位就可以了。利用特殊的信号处理电路或采用插值法，分辨力可由一个光敏元间距d提高到$0.1d$。固体图像传感器检测的优点是不需接触，能实现自动化、微型化和高精度，而且可对一个零件进行多尺寸参数的测量（如螺栓可测其外螺纹、螺距、螺纹深度、侧面角、齿根和齿顶的曲率半径等）。

5.3.2.5 缺陷检测

(1) 钞票检查。如图5.3-5所示，使两列钞票分别通过两个图像传感器的视场，并使其成像，从而输出两路视频信号，再将两路视频信号输送到比较器进行处理。如果两张并行的钞票中某一张上存有缺陷，两列视频信号将出现显著不同的特征，经过比较器就会发现这一特征，进一步证实缺陷的存在。

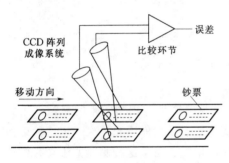

图 5.3-5 钞票检查

(2) 透明液体内混浊物的检查。如图5.3-6所示，当有混浊物存在时，投射到图像传感器光敏面上的光强是不均匀的，其输出与均匀光照时的输出，有明显的不同，用简单的逻辑电路就能对这两种情况加以分辨。

5.3.2.6 安全监测

用CCD图像传感器可作为机器人的眼睛，用来监测关键部位，例如门、保险柜，现场由可见光或红外光照明。辅助电路可用来计算被遮住的光敏元数目，从视频信息中能判明通过视场的闯入者的性质，亦即能分辨出是鸟、猫或人。对图像来说，当辨认为闯入者时，警报系统被触发，如图5.3-7所示。

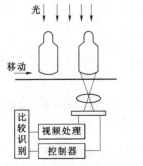

图 5.3-6 混浊物检查系统示意图

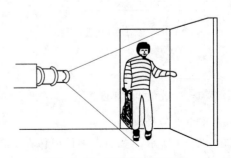

图 5.3-7 防盗监测示意图

66

习　题

1. 光电效应有哪几种？与之对应的光电器件各有哪些？

2. 光电传感器有哪几种常见形式？各有哪些用途？

3. 试比较光敏电阻、光电池、光敏二极管和光敏三极管的性能差异，并简述在不同场合下应选用哪种器件最为合适。

4. 什么是光生伏特效应？如何分类？

5. 当光源波长 $\lambda = 0.8 \sim 0.9\mu m$ 时，宜采用哪几种光敏元件做测量元件？为什么？

6. 简述 CCD 图像传感器的工作原理及 CCD 图像传感器的应用。

7. 光电传感器的光源类型有哪些？

第 6 章 压 电 传 感 器

压电传感器是利用某些物质的压电效应制作的传感器，又称为电势式传感器或自发电式传感器，是一种有源传感器。由于压电转换元件具有自发和可逆两种重要性能，又有体积小、重量轻、结构简单、工作可靠、固有频率高、灵敏度和信噪比高等优点，压电式传感器获得了飞速发展。在测试技术中，压电转换元件是一种典型的力敏元件，利用压电效应能测量最终可变换为力的有关物理量，例如压力、加速度、机械冲击和振动等，还可以制成压电电源、煤气炉和汽车发动机的自动点火装置等多种电压发生器。利用逆压电效应可制成多种超声波发生器和压电扬声器等。利用正、逆压电效应可制成压电陀螺、压电线性加速度计、压电变压器、声纳和压电声表面波器件等。因此，在声学、力学、医学和航海等广阔领域中都可见到压电传感器的应用。

6.1 压电传感器的工作原理

6.1.1 压电效应及物理解释

当沿着一定方向对某些电介质施加压力或拉力而使其变形时，在某两个表面上便产生正负极性相反的电荷，当外力去掉后，又重新回到不带电状态；反向作用力时，电荷的极性也随着改变，产生的电荷量与作用力的大小成正比，这种现象称为压电效应。压电效应是可逆的，当在电介质的极化方向施加电场时，这些电介质就在一定方向上产生机械变形或机械应力；当外加电场消失后，这些变形或应力也随之消失，称为逆压电效应，或称为电致伸缩效应。可见，压电式传感器是一种典型的"双向传感器"。

具有压电效应的材料称为压电材料。在自然界中，已发现 20 多种单晶体具有压电效应，石英（SiO_2）晶体就是一种性能良好的压电材料。此外人造压电陶瓷，如钛酸钡、锆钛酸铅等多晶体也具有良好的压电功能。现以石英晶体和压电陶瓷为例讨论压电效应及其工作方式。

6.1.1.1 石英晶体

石英晶体有天然和人造之分。在传感器中使用的是石英晶体的低温相 α-石英晶体，当温度高于 573℃时，则变为 β-石英晶体，其压电效应基本消失。天然和人造石英的外形虽有不同，但是两个晶面之间的夹角是相同的。石英晶体属六方晶系，如图 6.1-1 (a) 所示。由于晶体的物理特性与方向有关，因此就需要在晶体内选定参考方向，这种方向叫晶轴。如图 6.1-1 (b) 所示，与晶体纵轴方向一致的是 Z 轴，是晶体的对称轴，光线沿该轴通过晶体时不发生折射，因而被称为光轴。在 Z 轴方向上作用力时，不产生压电效应。X 轴是垂直于 Z 轴且通过六面体相对的两条棱线的轴，显然 X 轴共有三个。由于压电效应产生的电荷多是出现在垂直于 X 轴的平面上，所以又称 X 轴为电轴。Y 轴垂直于两个相对的晶体表面，Y 轴也有三个。由于在电场作用下，沿该轴方向的机械形变最明显，Y 轴被称为机械轴。沿电轴 X 方向的力作用下产生电荷的压电效应称为纵向压电效应。沿机械轴 Y 方向的力作用下产生电荷的压电效应称为横向压电效应。从晶体上沿轴线切下的压电晶体切片，如图 6.1-1（c）所示。

当晶片受到 X 方向的压力作用时，q_X 与 F_X 成正比关系，与晶片的几何尺寸无关。

石英晶体的压电特性与其内部分子的结构有关。其化学式为 SiO_2，在一个晶体单元中有三个硅离子 Si^{4+} 和六个氧离子 O^{2-}，氧离子是成对的，一个硅离子和两个氧离子交替排列。当没有力作用时，Si^{4+} 与 O^{2-} 在垂直于晶轴 Z 的 XY 平面上的投影恰好等

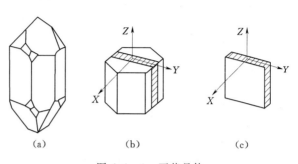

图 6.1-1　石英晶体
(a) 石英晶体；(b) 坐标系；(c) 晶体切片

效为正六边形排列，如图 6.1-2（a）所示。这时正、负离子正好分布在正六边形的顶角上，它们所形成的电偶极矩 p_1、p_2、p_3（电偶极矩 $p=ql$，q 为电荷，l 为间距，是一种矢量，方向是从负电荷指向正电荷）的大小相等，相互的夹角为 $120°$，正负电荷中心重合，电偶极矩的矢量和为零，没有极化现象。

当晶体受到沿 X 轴方向的压力 F_X 作用时，晶体沿 X 轴方向产生压缩，Si^{4+} 与 O^{2-} 离子的相对位置发生变化，如图 6.1-2（b）所示。电偶极矩在 X 轴方向上的分量增大，而在 Y 轴方向上的分量之和仍然为零，所以在垂直于 X 轴的平面上出现电荷，其他平面都不出现电荷。

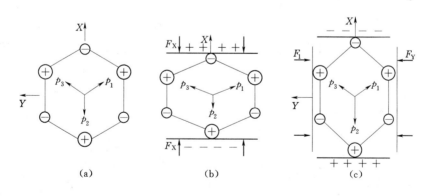

图 6.1-2　石英晶体的压电效应示意图

当晶体受到沿 Y 轴方向的压力 F_Y 的作用时，晶体沿 Y 轴方向产生压缩，产生形变如图 6.1-2（c）所示。同样在垂直于 X 轴的平面上出现电荷，其他平面都不出现电荷。

当晶体受到沿 Z 轴（光轴）方向的作用力时，电偶极矩的矢量和为零，不会产生压

电效应。

显然，当作用力 F_X 或 F_Y 的方向发生改变时，电荷的极性也会相应变化，产生电荷的极性如图 6.1-3 所示，并且都出现在垂直于 X 轴的平面上。

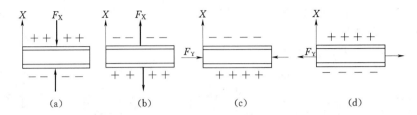

(a)   (b)   (c)   (d)

图 6.1-3 晶片电荷极性与受力方向的关系

晶片在沿 X 轴方向上受到压力 F_X 的作用时产生电荷 q_X，其大小为

$$q_X = d_{11}F_X \tag{6.1-1}$$

式中　F_X——沿晶轴 X 方向施加的压力；

　　　d_{11}——X 轴方向受力压电系数，$d_{11} = 2.3 \times 10^{-12} \text{C/N}$。

若在同一晶片上沿 Y 轴方向上受到压力 F_Y 的作用时产生电荷 q_X，其大小为

$$q_X = d_{12}\frac{l}{h}F_X \tag{6.1-2}$$

式中　F_X——沿晶轴 Y 方向施加的压力；

　　　d_{12}——Y 轴方向受力压电系数，$d_{12} = -d_{11}$；

　　　l、h——晶片的长度和厚度。

6.1.1.2　压电陶瓷

压电陶瓷是一种常用的人工制造的多晶体压电材料，压电陶瓷在没有极化之前并不具有压电现象，经过极化处理后其压电系数大大提高。

原始的压电陶瓷没有压电性能，但在材料内部有自发的电偶极矩形成的称为"电畴"的微小极化区域，它们在原始材料中是无序排列的，如图 6.1-4 （a）所示，各自的极化效应相互抵消。这些小的电畴在 $20 \sim 30 \text{kV/cm}$ 的强化电场中放 $2 \sim 3\text{h}$ 后，将使极性转到接近电场方向，见图 6.1-4 （b）。当电场去掉后电畴的极化方向基本保持不变。压电陶瓷最常见的电极是银层，它通过煅烧与陶瓷牢固地结合在一起。电极的附着力极重要，如结合不好便降低有效电容量和阻碍极化。

通常把压电陶瓷的极化方向定义为 Z 轴，在垂直于 Z 轴的平面上，任意选择的正交

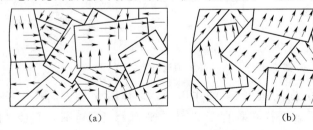

(a)   (b)

图 6.1-4 压电陶瓷电畴结构
（a）极化前；（b）极化后

轴为 X 轴和 Y 轴。

当陶瓷材料受到外力作用时，电畴的界限发生移动，因此引起极化强度的变化，在两个镀银极化面上分别出现正负电荷，其电荷量 q 与力 F 成正比，用下式表示

$$q = d_{mn}F \qquad\qquad (6.1-3)$$

式中 d_{mn}——压电系数。

极化压电陶瓷的平面是各向同性的，平行于 Z 轴的电场与沿 X 轴或 Y 轴的轴向应力的作用关系是相同的。

6.1.2 常用压电材料的性能

压电材料应该具有以下特点：压电系数大；机械强度高、刚度大，固有振荡频率高；电阻率高，介电常数大；居里点高；温度、湿度和时间稳定性好。常用的压电材料有石英晶体、压电陶瓷及新型压电材料等。

6.1.2.1 石英晶体

石英晶体是常用的压电材料。石英晶体的特性是各向异性的。为了利用石英的压电效应进行力-电转换，需将晶体沿一定方向切割成晶片。

石英晶体最显著的优点是它的介电常数和压电系数的温度稳定性好，适于做温度范围很宽的传感器。压电元件的性能与压电系数、介电常数和电阻率三个参数密切相关，常温下这几个参数几乎不随温度变化。石英晶体的机械强度很高，可承受约 10^8Pa 的压力，在冲击力作用下漂移也很小，弹性系数较大。此外，它还有自振频率高，动态响应好，迟滞小，特性范围宽等优点；缺点是压电系数小，因此大多只在标准传感器、高精度传感器或温度要求高的场合应用。

6.1.2.2 铌酸锂晶体

铌酸锂（$LiNbO_3$）是无色或略带浅黄绿色的透明晶体，铌酸锂晶体是人工控制的，像石英那样也是单晶体，其时间稳定性远比多晶体的压电陶瓷好，居里点高达 $1210℃$，适于做高温传感器。这种材料各向异性很明显，比石英脆，耐冲击性差，故加工和使用时要小心谨慎，避免用力过猛或骤冷骤热。

6.1.2.3 压电陶瓷

用作压电陶瓷的铁电体都以钙钛矿型的 $BaTiO_3$、$Pb（Zr·Ti）O_3$、$（NaK）NbO_3$、$PbTiO_3$ 等为基本成分。将原料粉碎、碾磨成型、通过 $1000℃$ 以上的高温烧结得到多晶铁电体。制作工艺简便、耐湿、耐高温，在检测技术、电子技术和超声等领域中有广泛的应用。

1. 钛酸钡压电陶瓷

钛酸钡压电陶瓷是由碳酸钡和二氧化钛按 $1:1$ 摩尔比的比例混合经烧结得到的，其压电系数是石英晶体的几十倍且介电常数和电阻率都很高，抗湿性好，价格便宜。但其居里点为 $120℃$，机械强度差，可以通过置换 Ba^{2+} 和 Ti^{4+} 以及添加杂质等方法来改善其特性。在含 Ca 或 Ca 和 Pb 的 $BaTiO_3$ 陶瓷得到广泛的应用。

2. 锆钛酸铅系压电陶瓷（PZT）

PZT 是由 $PbTiO_3$ 与 $PbZrO_3$ 按 $47:53$ 的摩尔分子比组成的，居里点在 $300℃$ 以上，性能稳定，具有很高的介电常数与压电系数。PZT 的出现，增加了许多 $BaTiO_3$ 不具有的

功能。用加入少量杂质或适当改变组分的方法能明显地改变机电耦合系数、介电常数等特性，得到满足不同使用目的的不同性能的 PZT 材料。

3. 铌酸盐系压电陶瓷

铌酸盐系压电陶瓷是以铌酸钾 $KNbO_3$ 和铌酸铅 $PbNbO_2$ 为基础的。

铌酸铅居里点为 $570℃$，介电常数较低，在铌酸铅中用钡或锶代替一部分铅，可引起性能的根本改变，获得的铌酸盐系压电陶瓷具有较高的机械品质因素。

铌酸钾居里点为 $480℃$，特别用于作 $10\sim40MHz$ 的高频换能器。

压电陶瓷具有明显的热释电效应。所谓热释电效应是某些晶体除了由于机械应力的作用而引起的电极化（压电效应）之外，还可由温度变化而产生电极化。用热释电系数来表示该效应的强弱，它是指温度每变化 $1℃$ 时，在单位重量晶体表面上产生的电荷密度大小。

压电陶瓷的压电系数一般比石英晶体高几百倍，而制造成本低得多，并且具有良好的工艺性，可以方便地加工成各种所需要的形状，因此压电元件大多数都采用压电陶瓷。

6.1.2.4 新型压电材料

1. 压电半导体

压电半导体有硫化锌（ZnS）、碲化镉（CdTe）、氧化锌（CnO）、硫化镉（CdS）、碲化锌（ZnTe）和砷化镓（CaAs）等。这些材料的显著特点是既有压电效应，又有半导体特性，两者相结合，就可集敏感元件与集成电路于一体，构成新型集成压电传感器。

2. 有机高分子压电材料

一类有机高分子压电材料是某些合成高分子聚合物，经延展拉伸和电极化后形成具有压电性能的高分子压电薄膜，如聚氟乙烯（PUP）、聚偏二氟乙烯（PUF_2）、聚氯乙烯（PVC）等。

另一类有机高分子压电材料如聚偏二氟乙烯（PUF_2）是有机高分子半晶态聚合物，结晶度约为 50%。PUF_2 原料可制成薄膜、厚膜、管状、粉状等。经过一系列极化处理，形成垂直于薄膜平面的碳—氟偶极距固定结构，当薄膜受外作用时，剩余极化强度改变，薄膜呈现出压电效应。

PUF_2 压电薄膜灵敏度很高，比 PZT 压电陶瓷大 17 倍，且在 $10^{-3}Hz\sim500MHz$ 频率范围内具有平坦的响应特性。此外，它还有机械强度高、柔软、耐冲击、易加工成大面积元件和阵元件、价格便宜等优点。

6.2 压电传感器的等效电路

压电传感器的压电元件承受沿其敏感轴向的外力作用时，就会在受力纵向或横向表面上出现电荷。在一个极板上聚集正电荷，而在另一个极板上聚集等量的负电荷。因此可以把压电传感器看成为一个电荷源。同时，又可以把它看成是一个以压电材料为介质的电容器，其电容值为

$$C_a = \varepsilon_r\varepsilon_0 S / \delta \qquad (6.2-1)$$

式中　C_a——压电元件的内部电容；

　　　ε_r——压电材料相对介电常数；

　　　ε_0——真空介电常数；

　　　S——压电片面积；

　　　δ——压电片厚度。

因此，可以把压电传感器等效成一个与电容相并联的电荷源，如图 6.2-1（a）所示。电容器上的电压 U_a、电荷量 q 与电容 C_a 三者关系为

$$U_a = q/C_a \qquad (6.2-2)$$

压电传感器也可以等效为一个电压源，等效电路如图 6.2-1（b）所示。

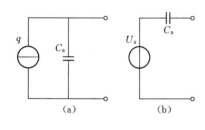

图 6.2-1　压电传感器的简化
等效电路
（a）电荷源；（b）电压源

上述的压电传感器等效电路是只把压电元件作为一个空载的传感器而得到的简化模型。

利用压电传感器进行实际测量工作时，它要与测量电路相连接，于是就要考虑电缆电容 C_c、放大器的输入电阻 R_i、输入电容 C_i，以及压电传感器的泄漏电阻 R_a。如果把这些因素一同考虑，就得到了压电传感器完整的等效电路，如图 6.2-2 所示。图 6.2-2（a）是电荷等效电路，图 6.2-2（b）是电压等效电路，这两种电路的形式虽然不同，但其作用是等效的。

压电传感器的灵敏度有两种表示方式，它可以表示为单位力的电压或单位力的电荷。前者称为电压灵敏度 K_u，后者称为电荷灵敏度 K_q，它们之间可以通过压电元件（或传感器）的电容 C_a 联系起来，即

$$K_u = K_q/C_a \qquad (6.2-3)$$

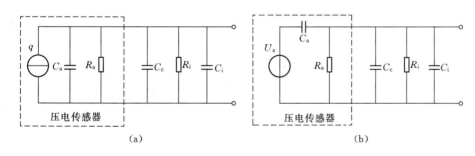

图 6.2-2　压电传感器的完整等效电路
（a）电荷源；（b）电压源

在压电传感器中，为了提高灵敏度，常用两片或两片以上组合在一起。由于压电材料是有极性的，因此连接方法有两种，如图 6.2-3 所示。在图 6.2-3（a）中，两压电片的负极部集中在中间电极上，正电极在两边的电极上，这种接法称为并联。即有

$$q' = 2q; U' = U; C' = 2C$$

图 6.2-3（b）的接法，正电荷集中在上极板，负电荷集中在下极板，而中间的极板

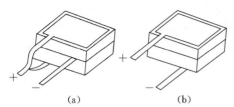

图 6.2 - 3　压电元件的组合连接

(a) 并联接法；(b) 串联接法

上片产生的负电荷与下片产生的正电荷相互抵消，这种接法称为串联。从图中可知

$$q' = q; U' = 2U; C' = C/2$$

在这两种接法中，并联接法输出电荷、本身电容、时间常数都较大，宜用于测量慢变信号，并且适用于以电荷作为输出量的场合。而串联接法，输出电压大，本身电容小，适用于以电压作为输出信号，并且测量电路输入阻抗很高的场合。

6.3　压电传感器介绍

压电元件是一种典型的力敏元件，可用来测量最终能转换为力的多种物理量。在检测技术中，常用来测量力和加速度。

6.3.1　压电加速度传感器

压电加速度传感器是一种常用的加速度计。因其固有频率高，高频响应好，如配以电荷放大器，低频特性也很好。压电加速度传感器的优点是体积小、重量轻，缺点是要经常校正灵敏度。

压电加速度传感器有压缩式、剪断式和弯曲式等加速度检测方式。压缩式的机械强度大，谐振频率高，可以在宽带范围进行检测强振动与较大的加速度。剪断式可以抑制热电影响，低频率范围内也可以进行检测，机械强度较大，谐振频率也较高，检测的频率范围较宽。弯曲式的灵敏度较高，谐振频率较低，机械强度较小，适用于低频微弱振动的检测。

图 6.3 - 1 是集成式压电加速度传感器的结构图。传感器具有两石英晶片的加速度传感器，内部装有微型电荷变换器，可由恒流源供电，其输出为低阻信号。输出线与供电线共用一条电缆。

集成加速度传感器的特点是能直接输出高电平低阻抗的信号（输出电压可达几千伏），可以省略电荷放大器，用普通同轴电缆传输信号，适用于远距离传送。

6.3.2　压电压力传感器

压电压力传感器也是基于压电效应工作的，因为传感器的输出电荷与作用力成正比关系，配以适当的电荷放大器就可以测出作用力的大小。

压电压力传感器主要用于发动机内部燃烧压力的测量与真空度的测量。它既可用来测量大的压力，也可以用来测量微小的压力。压电传感器具有体积小、重量轻、结构简单、工作可靠、测量频率范围宽等优点。

压电式压力传感器的性能稳定，由于石英晶体无自

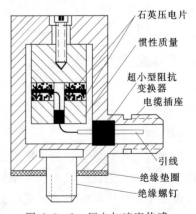

图 6.3 - 1　压电加速度传感器结构图

石英压电片
惯性质量
超小型阻抗变换器
电缆插座
引线
绝缘垫圈
绝缘螺钉

发极化效应，因此稳定性好，年稳定度系数（存放一年后传感器的灵敏度和一年前传感器的灵敏度之比）小于2％。压电式压力传感器的线性好、重复性好、使用温度范围宽、温度系数小、频响范围宽、环境适应性强，由于采用不锈钢全密封结构，耐腐蚀，可在水中作业，抗声磁干扰能力强。

由于外力作用而在压电材料上产生的电荷只有在无泄漏的情况下才能保存，即需要测量回路具有无限大的输入阻抗，这实际上是不可能的，因此压电式传感器不能测量静态参数。压电材料在交变力的作用下，电荷可以不断补充，能供给测量回路以一定的电流，因此，多用来测量加速度和动态力或压力。

6.4 压电声表面波传感器

声表面波（SAW）是一种机械波，它沿着弹性体的表面传播。SAW传感器就是以SAW技术、电路技术、薄膜技术相结合设计的。其结构如图6.4-1所示。在压电基片上布置了叉指换能器IDT和反射栅条组成，分别称为谐振型振荡器［图6.4-1（a）］和延迟线型振荡器［图6.4-1（b）］。

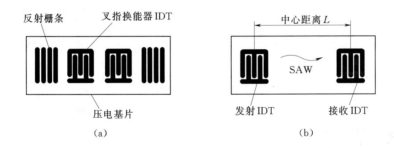

图 6.4-1 SAW谐振器结构图

SAW传感器工作原理简要说明如下。

6.4.1 SAW瑞利波

SAW瑞利波是英国物理学家瑞利（Rayleigh）发现的。它是一种纵波与横波相位差为90°且叠加在一起，只在弹性表面传播的波。平行于传播方向的纵向分量能将压缩波射入到与SAW器件接邻的介质中，垂直剪切分量容易受到相邻介质黏度的影响。瑞利波的能量只集中在弹性体表面一个波长深度之内，且频率越高，能量集中的表面层越薄。在各向异性固体中，还有如下特点：瑞利波的相速度依赖于传播方向；除纯波方向外，能量流一般不平行于传播方向；质点位移随深度的衰减呈阻尼振荡形式。

SAW在压电衬底表面上容易激励、检测、抽取并且频率高，没有寄生模型。

6.4.2 叉指换能器（IDT）

换能器是用蒸发或溅射等方式在压电基片上沉积一层金属，再用光刻方法形成的叉指薄膜，如图6.4-2所示，它是产生和接收声表面波的装置。图中 $a=b=M/4$

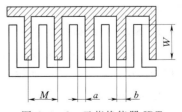

图 6.4-2 叉指换能器IDT

$=\lambda$，其中λ为 SAW 的传播波长。M为 IDT 的孔径，是两指条重叠的宽度。SAW 振荡器工作频率为

$$\omega = 2\pi U_s / M \tag{6.4-1}$$

式中　U_s——SAW 的速度，与声纵波速度和材料泊松比相关。

6.4.3　SAW 振荡器

（1）在图 6.4-3 中，输入换能器 T_1 被施加调制电压，根据逆压电效应，产生出声表面波，经过 L 距离传播到换能器 T_2。在 T_2 处，由于声表面波的机械作用，在压电材料衬底上，依据压电效应将产生交变的极化电荷，经放大后反馈到 T_1。如果反馈回来信号与声表面波的相位移为 $2\pi n$（n 为正整数）。则该电路构成正反馈谐振，如图 6.4-4 所示。只要放大器提供的能量足以抵消 SAW 波衰减损失，系统保持稳定的谐振。

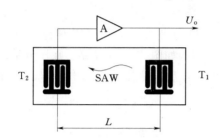

图 6.4-3　延迟线型 SAW 振荡器　　　图 6.4-4　延迟线型 SAW 振荡器电路

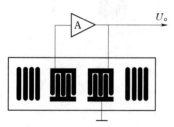

图 6.4-5　谐振器型 SAW
振荡器电路

（2）谐振型 SAW 振荡器。在图 6.4-5 中，SAW 振荡器是由一对叉指换能器与反射栅阵列组成。当发射换能器加以交变信号时，将在压电衬底材料上产生声表面波。该声表面波到达接受换能器处，电压电效应又变成电信号，经放大后正反馈至输入端。只要满足相位条件，并且放大器的增益能够补偿振荡器及连线损失，振荡器就可以起振并维持震荡。

6.4.4　测量原理

由于基片材料在受外力或温度等物理量的作用而发生变形时，在它上面传播的 SAW 速度就会改变，从而导致振荡器频率发生改变。根据这一原理，可以构成压力传感器（图 6.4-6）、加速度传感器、温度传感器等。

在声表面波传播区的衬底材料上加上对某种化学量敏感的敏感薄膜，当被测气体与敏感薄膜层相互作用，使得敏感薄膜的质量或电导率发生变化，就会改变 SAW 的传播速度，导致振荡器的频率发生变化。气体浓度不同，频率的变化量也不同。SAW 气敏传感器结构如图 6.4-7 所示。

6.4.5　SAW 传感器的特点

（1）高黏度、高灵敏度。由于将被测量转换成频率信号，而频率的测量精度较高，有效检测范围线性好，如温度传感器的分辨率可以达到千分之几度。此外，抗干扰能力强，适合远距离传输。

（2）频率信号处理简单，不容易丢失信息，易于与计算机接口。

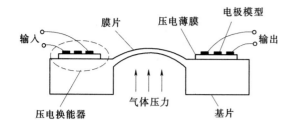

图 6.4-6　SAW 压力传感器膜片结构图

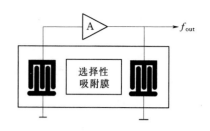

图 6.4-7　延迟线型 SAW 气敏传感器

（3）SAW 器件的制作与集成电路技术兼容，极易集成化、智能化，结构牢固，性能稳定，重复性与可靠性好，适于批量生产。

（4）体积小、重量轻、功耗低，可获得良好的热性能和机械性能。

习　　题

1. 什么是压电效应？在测量电路中，引入前置放大器有什么作用？

2. 什么叫正压电效应？什么传感器是利用该效应原理工作的？

3. 什么是横向压电效应和纵向压电效应？

4. 画出压电元件的两种等效电路，简述其等效原理。

5. 压电式传感器中采用电荷放大器有何优点？为什么电压灵敏度与电缆长度有关？而与电荷灵敏度无关？

第7章 磁电传感器

磁电式传感器是利用电磁感应原理将被测量的物理量转换为感应电动势的一种转换器；亦称为电磁感应传感器。它是一种结构较为复杂的 A 型结构传感器，能够测量位移、速度、加速度、转速等物理量。

7.1 磁电传感器

7.1.1 基本原理

磁电传感器是以导体和磁场发生相对运动而产生电动势为基础的。根据电磁感应定律，具有 N 匝的线圈，其内的感应电动势 e 的大小取决于贯穿该线圈的磁通 Φ 的变化速率，即

$$e = -N \frac{\mathrm{d}\Phi}{\mathrm{d}t} \tag{7.1-1}$$

式中　N——线圈的匝数。

一般情况下感应线圈的匝数是确定的，而磁通变化率与线圈的运动速度 v、切割磁力线的导线有效长度和被切割磁场强度 B 有关。图 7.1-1（a）为线圈在磁场中作直线运动时产生感应电动势的磁电传感器，其感应电动势 e 的大小也可以写成为

$$e = -NBlv \tag{7.1-2}$$

式中　N——线圈的匝数；

　　　B——气隙开口处磁感应强度，T；

　　　l——单个线圈的有效长度，m；

　　　v——线圈相对于磁场的直线运动速度，m/s。

如果式（7.1-2）中的 N、B、l 和 v 有一个是变化的而其他固定不变，则感应电动势的大小就直接反映了这个变化量的大小。

图 7.1-1（b）为线圈在磁场中做旋转运动时产生感应电动势的磁电传感器，它相当于一台发电机。如果线圈以角速度 ω 旋转，则产生的电动势为

$$e = -kNBS\omega \tag{7.1-3}$$

式中　ω——线圈相对于磁场作旋转的角速度；

　　　S——单匝线圈的截面积；

　　　k——与结构有关的系数，$k<1$。

同样的道理，式（7.1-3）中的五个变量如果固定其中的四个，感应电动势的大小就与另外一个变量有关。

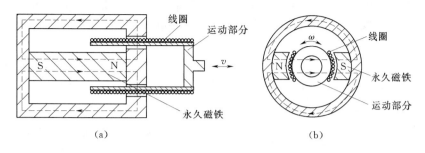

图 7.1-1 磁电传感器结构原理图

(a) 直线运动；(b) 旋转运动

7.1.2 传感器结构

从磁电传感器的基本原理来看，它的基本元件有两个，一个是磁路系统，由它来产生恒定的永久磁场，为了减小传感器的体积，一般都采用永久磁铁；另一个是线圈，由它与磁场中的磁通交链而产生感应电动势。由式（7.1-2）知道，感应电动势 e 是和线圈与磁铁的相对运动速度成正比，因此，必须使它们之间有一个相对运动，作为运动部分，可以是线圈，也可以是永久磁铁，只要在传感器工作时使线圈切割磁力线就可以了。

作为一个完整的传感器，除磁路系统和线圈外，尚有一些其他的元件，如壳体、支承、阻尼器、接线装置等。

图 7.1-2 为 ZI-A 型振动传感器，它就是以一只线圈作为运动部分的磁电传感器。在图中，永久磁铁用铝架固定在圆筒形的壳体里面，借助于壳体的导磁性，形成一个磁路，在磁路中有两个环形气隙，在右边气隙里，放置着一个支承在弹簧片上的工作线圈，而在左边一个气隙里，放置着一个作阻尼用的电

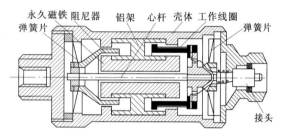

图 7.1-2 ZI-A 型振动传感器

磁阻尼器。工作线圈和阻尼器用一心杆连在一起。使用时，把振动传感器与被测振动体固紧在一起，当振动体振动时，壳体也随之振动，此时线圈、阻尼器和心杆的整体由于惯性关系，并不随它振动，因此它与壳体就产生相对运动，亦即使工作线圈在环形气隙中运动，从而切割磁力线产生了感应电动势，该电动势的大小由式（7.1-2）决定，电动势通过接头接到测量电路。这个传感器测量的基本参数是振动速度，其灵敏度为 604mV/(cm/s)；但在测量电路中，接入积分电路和微分电路后，也可以测量振动体的振幅和加速度，它可测振幅范围为 $0.1 \sim 1000 \mu m$，可测加速度最大为 $5g$。

7.1.3 测量电路

根据磁电传感器的工作原理，可知它的输出电动势大小与运动速度成正比，这是一只测速度的传感器。但是在实际测量中，它常常被用来作为测量运动的位移（或振幅）和加速度，因此，为了能使信号大小与位移和加速度成正比，必须将信号加以变换，一般是在测量电路中接入一积分电路和微分电路，用开关切换。图 7.1-3 即为这样的电路，当开

关 S 放在"1"位置时,经过一个积分电路,可测量位移的大小;当开关 S 在"2"位置时,不经过运算电路直接输出,可用来测量速度;当开关放在"3"位置时,信号通过微分电路,可以测量加速度。

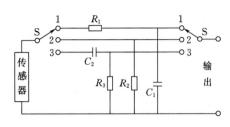

图 7.1-3 运算电路图

一般传感器的输出电压不是很大,大约为毫伏级。为了用指针指示或记录仪进行记录,必须将信号加以放大。常采用一般的晶体管放大器进行放大,放大倍数视传感器的灵敏度而定。有时由于测量范围较广,常把放大倍数分成几档,分档的办法常用衰减器来完成。

放大器的输出信号可以送至记录仪器记录,也可以用电流表指示。在后一种情况下须先将信号进行检波(峰值检波或平均值检波),然后接到显示器或控制单元。

图 7.1-4 是 GZ1 型测振仪测量电路的框图,是磁电式传感器的一种典型测量电路,它由微积分电路、放大、检波指示以及电源等几个部分组成。

磁电传感器灵敏度高,通常多用于测量振动、加速度、转速、转角等参数。

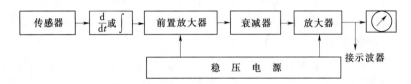

图 7.1-4 GZ1 型测振仪框图

7.2 磁阻式磁电传感器

磁阻式磁电传感器与前述动圈式磁电传感器不同,它的线圈部分和磁铁部分是相对静止的,主要通过改变磁路磁阻使得穿过线圈的磁通量发生变化,达到在线圈中产生感应电动势的目的。

图 7.2-1 是测量旋转齿轮转速的磁阻式磁电传感器原理图。齿轮上的凹凸变化引起磁通路中的磁阻变化,从而使得穿过线圈的磁通量发生相应变化,其产生的交变电势频率为

$$f = \frac{nN}{60} = \frac{\omega N}{2\pi} \qquad (7.2-1)$$

式中 f ——感应电动势的频率;

n ——齿轮的转速;

ω ——齿轮的角速度;

N ——齿轮的齿数。

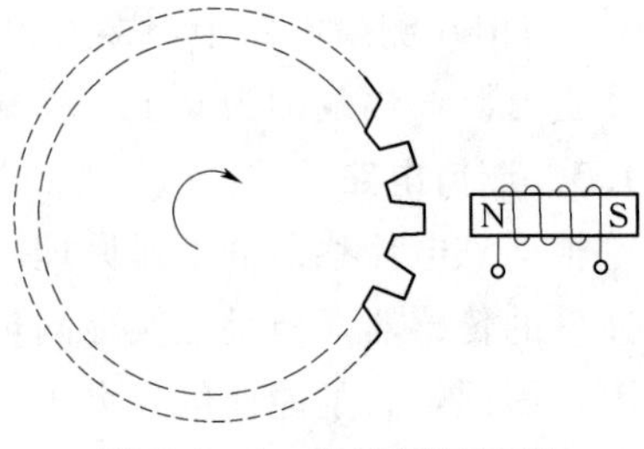

图 7.2-2 是一只磁电式转速传感器的结构原理图,　　图 7.2-1 转速测量原理

它由转子、定子、磁钢、线圈等元件组成。传感器的转子和定子均用工业纯铁制成，在它们的圆形端面上都均匀地铣了一些槽子。

在测量时，将传感器的转轴与被测物转轴相连接，因而被测物就带动传感器转子转动。

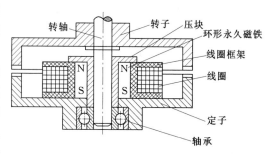

当转子与定子的齿凸凹相对时，气隙最小，磁通量大，当转子与定子的齿凸凹相对时，气隙最大，磁通量小。这样定子不动而转子转动时，磁通就周期性的变化，从而在线圈中感应出近似正弦波的电动势信号。

图 7.2-2　磁电式转速传感器结构原理图

若该转速传感器的输出量是以感应电动势的频率来表示的，则其频率 f 与转速 n 间的关系式为

$$f = Nn/60 \tag{7.2-2}$$

式中　n——被测物转速，r/min；

　　　N——定子或转子端面的齿数。

磁阻式传感器还可以测量偏心、振动等，示例见图 7.2-3。

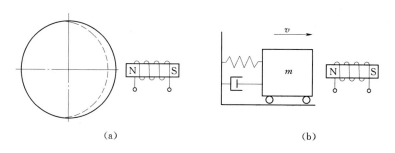

（a）　　　　　　　　　　　（b）

图 7.2-3　偏心测量和振动测量原理

7.3　磁 电 检 测

在工业生产过程中，热处理工艺是提高零件物理性能、表面性能的重要工艺，因此，检查机械零件的热处理质量是保证产品质量的重要环节。热处理后的零件硬度、渗层深度、淬硬层深度是最常规的检查项目。对于一些重要零件还要求逐件检查硬度；至于渗层、淬硬层深度，一般进行抽样检查。其基本原理是基于机械零件的某些性能（如硬度）和磁电特性（如矫顽力）间在某些范围内存在着单调对应关系。例如，由碳钢制造的零件，在淬火、低温回火处理之后，随着硬度的增加，剩余磁化作用增强、矫顽力增加、磁导率减小。机械零件在渗碳、氰化、高频淬火后，随着层深增加，也有上述现象出现。这样，利用同一磁电特性（如磁导率）既可以检查机械零件的硬度，又可以检查渗层深度或淬硬层深度。只要在某一特定条件下，某一性能（如渗碳层深度）成为影响机械零件磁电

性质的主要因素，便可在这种特定条件下，对这一参量进行检测。

磁电检测法和其他无损检测法一样具有不破坏零件、检查速度快、易实现自动化等优点。但是，这种方法的缺点是设备专用性强，影响因素较多，精确度不够高等。这种方法特别适用于大批量的流水检查工作。

磁电检测法包含许多分支，如剩余磁场法、直流矫顽力法、磁导率法等，简介如下。

7.3.1 剩余磁场法

当材料、尺寸、形状一定的机械零件在磁化之后具有的剩余磁场与硬度、渗层深度、淬硬层深度间存在单调对应关系时，便可以应用这种方法进行检查。

测量剩余磁场的方法有冲击法和测磁法。冲击法是将零件磁化，然后和测量线圈做相对运动，由于电磁感应而在测量线圈两端产生与剩余磁场成比例的电动势。测磁法是利用测磁仪测量剩余磁场空间中某一固定位置的磁场强度或相邻两点之间的磁场强度差值。测磁仪中的检测元件有霍尔元件、磁敏二极管等。

图 7.3-1 为用剩余磁场法分选连杆硬度自动线示意图。用这种装置能够自动地把零件按硬度合格、过硬、过软分成三类。每分钟检查 20 余件。工作过程如下：将零件放在传送带上，首先通过退磁线圈 L_1 进行交流磁场退磁，保证测量具有相同的初始磁状态。接着，零件通过接近开关 SP，使分选仪中磁化控制回路工作，使磁化线圈 L_2 通直流电数秒（时间可调整）。零件通过 L_2 后被饱和磁化，再经过测量线圈 L_3，在其两端产生的感应脉冲电动势送入分选仪中硬度分选回路，按零件硬度大小控制分类活门：将硬、软件分别剔出，合格零件通过退磁线圈 L_4 退磁，避免对加工和使用造成危害。测量线圈 L_3 可用测磁仪来代替。

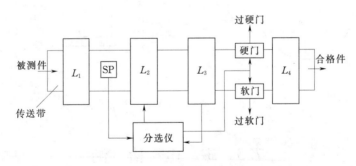

图 7.3-1 硬度分选自动线示意图

这种设备还能反映出零件心部金相组织状况。当零件表面硬度合格，心部存在未熔铁素体时，仍能按软件剔出，以便重新淬火。

7.3.2 直流矫顽力法

铁磁材料具有磁滞特性，在磁化后具有剩磁。欲使磁感应强度为零，必须施加一个与剩磁场方向相反的磁场 H_c，H_c 称为矫顽力，矫顽力是铁磁材料的结构敏感量，只与材料性能有关，而与零件的形状、尺寸无关。零件表面粗糙度状态对测量几乎没有影响。因此，广泛地应用矫顽力法检查机械零件的硬度、渗层深度、淬硬层深度。

直流矫顽力计原理图如图 7.3-2 所示。在零件表面放置电磁铁，磁化后电磁铁与零件构成闭合磁路。在电磁铁上开一小隙，放置磁通检测元件（如霍尔元件），由测磁仪指示磁通大小。测量程序是：首先用饱和磁化电流 I_m 将零件局部饱和磁化，去掉磁化磁场。材料具有剩磁，测磁仪指示出剩磁大小，然后在线圈中通入和 I_m 方向相反的去磁电流，不断增加去磁电流，记录当测磁仪指示为零时的去磁电流 I_c。设这时磁动势为 F_c，则

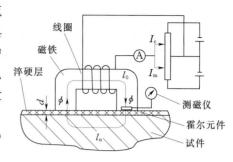

图 7.3 - 2　直流矫顽力计原理图

$$F_c = I_c \omega \qquad (7.3 - 1)$$

式中的 ω 为线圈匝数，根据安培环路定律

$$H_c l = I_c \omega \qquad (7.3 - 2)$$

其中 l 为磁路长度，可见 F_c 与矫顽力 H_c 成比例。

根据上述测量原理可以制成手动操作或自动操作的矫顽力计，为适应各种测量条件和检测不同形状的机械零件，使用不同尺寸的电磁铁。

在检测淬硬层深度时，电磁铁产生的磁通从一脚通过淬硬层穿至未淬火部分，又回到表面硬化层，再到电磁铁的另一脚，这时磁动势（见图 7.3 - 2）为

$$F_c = 2H_{cm}d + H_{cn}l_n + H_{c0}l_0 \qquad (7.3 - 3)$$

式中　H_{cm}——表面硬化层中的矫顽力；

　　　H_{cn}——未淬火部分的矫顽力；

　　　H_{c0}——电磁铁的矫顽力；

　　　d——淬火深度；

　　　l_n——未淬火部分的磁路长度；

　　　l_0——电磁铁内部的磁路长度。

磁动势 F_c 与淬火深度 d 的对应关系是一直线，直线的斜率为 $2H_{cm}$，截距为 $H_{c0}l_0 + H_{cn}l_{n0}$。检测零件的硬度和渗层深度时，磁路模型和上述类似。

7.3.3　磁导率法

测量磁导率的方法很多，这里介绍一种通过电磁感应测量磁导率的方法。将一个金属材料试样放入通有交流电的线圈中，由于电磁感应，线圈的阻抗发生变化。阻抗变化，主要取决于金属材料试样的电磁性质、励磁频率和强度、线圈与试样之间的耦合状态。固定后两种条件时，对于非磁性材料而言，阻抗的变化主要受电导率的影响，这样就可以检测非磁性材料的性能（如奥氏体不锈钢的 α 相），对于铁磁材料而言，主要受磁导率的影响。这样通过测量线圈阻抗的变化便可以测量铁磁材料的磁导率。

图 7.3 - 3（a）所示电桥是测量线圈阻抗变化方法之一。Z_1、Z_3 是一对形状、尺寸、绕法完全一致的电感线圈，因制作上的差异，这些电感线圈使电桥不易平衡，为了弥补这一缺点，在 Z_1、Z_3 臂上分别串接了可调小电阻 RP_1、RP_3，R_2、R_4 构成电桥的另外两臂。Z_1 中放置标准零件，Z_3 中放置待测零件。电桥一对角端（如 1、2 点）接交流电源，而另一对角端（3、4 点）接指示仪表的前置放大器输入端，这时仪表指示出两个零件性质（如渗碳层深度）的差别。

图 7.3 - 3（b）为测量渗层深度仪器的框图。由振荡器产生一定频率（频率可调）的正弦波，通过功率放大，输入到电桥，电桥输出端的信号，送到指示仪表的前置放大器输

入端，由仪表显示出零件渗层深度。用这一仪器也可以检测硬度、淬硬层深度。

上述三种方法，剩余磁场法在检测硬度时应用较多；矫顽力法在检测硬度、淬硬层深度时应用较多；磁导率法在检测渗层深度时应用较多。一般来说，直流法适用于检测层深范围较大的零件；交流法适用于检测层深范围小的零件。

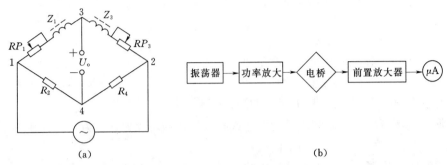

图 7.3-3　测量渗层深度的仪器

(a) 电桥；(b) 框图

习　　题

1. 为什么说磁电感应式传感器是一种有源传感器？它是否可逆？

2. 磁电式传感器与电感式传感器有哪些不同？磁电式传感器主要用于测量哪些物理参数？

3. 如果磁电式传感器是速度传感器，它如何通过测量电路获得相对应的位移和加速度信号？

4. 试说明图 7.2-3（a）中磁阻式传感器测量偏心的工作原理。

第8章 热电式传感器

温度是表示物体冷热程度的物理量，是工艺生产中一个很重要的参数。度量温度的标尺简称温标，温标是度量物体温度高低而对温度零点和分度方法所作的一种规定，是温度的单位制。现有的温标有三种：摄氏温标、华氏温标和国际实用温标。

摄氏温度（℃）与华氏温度（F）之间的换算关系为

$$1F = \frac{9}{5}℃ + 32 ; 1℃ = \frac{5}{9}(F - 32)$$

国际实用温标规定热力学温度是基本温度，用符号 T 表示，单位是 K，该温标的零点为绝对零度，与摄氏温标的 $-273.16℃$ 相对应。两者之间的换算关系为（t 表示摄氏温标大小）

$$t = T - 273.16$$

在物体温度变化时，它的某些物理量（例如热电动势、电阻值、辐射强度等）也会产生有规律的变化，温度检测就是利用这种特性来实现的，利用这种特性进行工作的传感器称作热电式传感器。热电式传感器用来提取、采集所测的温度变化，并把它变成与温度有关的单值函数关系的信号。

常用的热电式传感器有热电偶和其他类型的温度传感器。

8.1 热 电 偶

热电偶是利用物理学中的热电动势效应制成的传感器，将温度及温度变化转换为电势信号，在温度检测中广泛应用。

8.1.1 工作原理

若某闭合回路由两种不同的导体（或半导体）A 和 B 组成，两个接点所处的环境温度不同，则在该回路内就会产生热电动势，这种现象称作热电动势效应。这两种不同导体的组合称为热电偶，如图 8.1-1 所示。两个接点 1、2 所处的环境温度分别为 T、T_0，$T > T_0$。1 端一般电焊而成，置于测温处，称为工作端或热端；2 端一般进行恒温处理，或使它处于某种环境温度中，称为参考端或冷端。由于两端的温度不同，会产生热电动势，热电动势由两部分组成：接触电动势和温差电动势。

8.1.1.1 两种导体的接触电动势

两种不同导体 A、B 接触时，由于两者电子密度不同，假设 A 的电子密度比 B 的电子密度大（$N_A > N_B$），电子在两个方向上的扩散的速率不同，从 A 到 B 的电子数要比从 B 到 A 的电子数多，A 由于失去电子而带正电荷，B 由于得到电子而带负电荷，在 A 到 B

的接触面上形成静电场，如图 8.1-2 （a）所示，由此而形成的电位差称作接触电动势。其数值取决于两种不同导体的性质和接触点的温度。

根据电子学知识，导体 A 和 B 的接触点在温度 T 和 T_0 时形成的接触电动势为

$$e_{AB}(T) = \frac{kT}{e} \ln \frac{N_{AT}}{N_{BT}} \tag{8.1-1}$$

$$e_{AB}(T_0) = U_{AT0} - U_{BT0} = \frac{kT_0}{e} \ln \frac{N_{AT0}}{N_{BT0}} \tag{8.1-2}$$

式中　　k ——波尔兹曼常数，$k = 1.38 \times 10^{-23} J/K$；

　　　　e ——电子电荷量 $e = 1.59 \times 10^{-19} C$；

N_{AT}、N_{AT0}——A 导体在接点温度为 T 和 T_0 时的电子密度；

N_{BT}、N_{BT0}——B 导体在接点温度为 T 和 T_0 时的电子密度。

如果 A 导体和 B 导体的材料相同（或 $N_A = N_B$），尽管热电偶两端的温度不同（$T \neq T_0$），也不会产生接触电势。

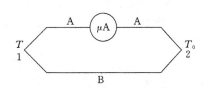

图 8.1-1　热电偶回路

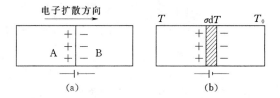

图 8.1-2　接触电动势和温差电动势

8.1.1.2　单一导体的温差电动势

同一导体的两端因其温度不同而产生一种热电动势。由于高温端的电子能量比低温端的电子能量大，从高温端移动到低温端的电子数比从低温端移动到高温端的电子数多，高温端失去电子而带正电荷，低温端得到电子而带负电荷，从而形成静电场。此时，导体两端产生的电位差称作温差电动势，或称汤姆逊电势，见图 8.1-2 （b）。

这个电势由下式计算

$$e_A(T, T_0) = \int_{T_0}^{T} \sigma_A dT \tag{8.1-3}$$

$$e_B(T, T_0) = \int_{T_0}^{T} \sigma_B dT \tag{8.1-4}$$

式中　σ_A、σ_B——导体 A 和 B 的汤姆逊系数。

当导体两端的温度相同（$T = T_0$）时，无论材料尺寸大小，其两端的热差电势总是等于零的。

8.1.1.3　热电偶热电势

图 8.1-3 为热电偶回路的热电势。根据以上分析的结果，可得热电偶回路产生的总电动势：

$$E_{AB}(T, T_0) = e_{AB}(T) + e_B(T, T_0) - e_{AB}(T_0) - e_A(T, T_0)$$

$$= \frac{kT}{e} \ln \frac{N_{AT}}{N_{BT}} + \int_{T_0}^{T} \sigma_B dT - \frac{kT_0}{e} \ln \frac{N_{AT_0}}{N_{BT_0}} - \int_{T_0}^{T} \sigma_A dT \tag{8.1-5}$$

从式（8.1-5）可以看出：热电势的大小与热电偶尺寸、形状及沿热电极温度分布无关，只与材料和端点温度有关。

总电动势 $E_{AB}(T,T_0)$ 取决于 $e_{AB}(T)$ 的方向，因为温差电动势比接触电动势小，又 $T>T_0$，在总电动势 $E_{AB}(T,T_0)$ 中，$e_{AB}(T)$ 所占的比重最大。忽略温差电势后，由式（8.1-5）可得

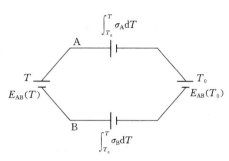

图 8.1-3　热电偶回路的热电势

$$E_{AB}(T,T_0) = \frac{k}{e}(T-T_0)\ln\frac{N_A}{N_B}$$
$$= e_{AB}(T) - e_{AB}(T_0)$$

$$(8.1-6)$$

所以，总电动势 $E_{AB}(T,T_0)$ 与电子密度 N_A、N_B 及两接点温度 T、T_0 有关。电子密度 N_A、N_B 并非常值，随温度的变化而变化，当其材料一定时，总电动势 $E_{AB}(T,T_0)$ 为温度 T、T_0 的函数差，即

$$E_{AB}(T,T_0) = f(T) - f(T_0) \qquad (8.1-7)$$

如果使冷端温度 T_0 固定（可取 0℃），或即使 T_0 在一定范围内改变时，采取一些办法把 T_0 的变化对总热电动势的影响消除，则对一定材料的热电偶，其总热电动势 $E_{AB}(T,T_0)$ 成为温度 T（一般为工作端）的单值函数，即

$$E_{AB}(T,T_0) = f(T) - C = \Phi(T) \qquad (8.1-8)$$

式中　C——由 T_0 决定的常数。

当 T_0 恒定时，只要测出总热电动势 $E_{AB}(T,T_0)$，则热端温度 T 就是已知的。

8.1.2　热电偶的基本定律

8.1.2.1　均质导体定律

由一种均质导体组成闭合回路，不会产生热电动势。根据式（8.1-6），$N_A = N_B$ 时

$$E_{AB}(T,T_0) = \frac{k}{e}(T-T_0)\times 0 + \int_{T_0}^{T} 0\mathrm{d}T = 0 \qquad (8.1-9)$$

这就表明均质导体构成的回路中，尽管两端有温差存在，导体截面和长度有差异，但总热电势为零，不能用于测温。

8.1.2.2　中间导体定律

在热电偶回路中接入第三种材料的导线，只要第三种材料导线的两端温度相同，第三种导线的介入不会影响热电偶的热电动势，称作中间导体定律。

如图 8.1-4 所示，C 为第三种材料，C 两端温度相同。图 8.1-4（a）中 C 的两端温度为 T_0，图 8.1-4（b）中 C 的两端温度为 T_1，则 C 的引入不会改变 $E_{AB}(T,T_0)$。

定理证明

列出图 8.1-4（a）中热电偶回路的热电势方程为

$$E_{ABC}(T,T_0) = e_{AB}(T) + e_{BC}(T_0) + e_{CA}(T_0) + e_A(T_0,T) + e_B(T,T_0) + e_C(T_0,T_0)$$

$$(8.1-10)$$

而　　　$$e_{BC}(T_0) + e_{CA}(T_0) = \frac{KT_0}{e}\ln\frac{N_B}{N_C} + \frac{KT_0}{e}\ln\frac{N_C}{N_A} = \frac{KT_0}{e}\ln\frac{N_B}{N_A} = -e_{AB}(T_0)$$

由于 $e_C(T_0,T_0)=0$，$e_A(T_0,T)=-e_A(T_0,T)$ 将上述式子代入式（8.1-11）得

$$E_{ABC}(T,T_0)=e_{AB}(T)-e_{AB}(T_0)+e_B(T,T_0)-e_A(T,T_0)=E_{AB}(T,T_0)$$

$$(8.1-11)$$

比较式（8.1-11）和式（8.1-5），因而证明了两端温度相同的第三导体不影响热电动势。

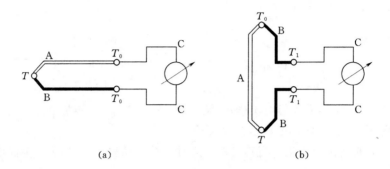

(a)   (b)

图 8.1-4　第三种材料的接入

由于中间导体定律的存在，可以在回路中引入各种仪表和连接导线，不会影响热电动势。

8.1.2.3　标准电极定律

当冷热端温度分别为 T_0、T 时，接入标准电极 A，用导体 B、C 组成的热电偶的热电动势为

$$E_{BC}(T,T_0)=E_{AC}(T,T_0)-E_{AB}(T,T_0) \qquad (8.1-12)$$

$E_{BC}(T,T_0)$、$E_{AC}(T,T_0)$、$E_{AB}(T,T_0)$ 分别为 AC、AB、BC 三种材料两两组成热电偶的热电动势，如图 8.1-5 所示。

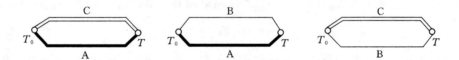

图 8.1-5　标准电极 A 的引入

定律证明

$$E_{AC}(T,T_0)-E_{AB}(T,T_0)=e_{AC}(T)-e_{AC}(T_0)-e_{AB}(T)+e_{AB}(T_0) \qquad (8.1-13)$$

由式（8.1-1）和式（8.1-2）可知

$$e_{AC}(T)-e_{AB}(T)=\frac{kT}{e}\ln\frac{N_A}{N_C}-\frac{kT}{e}\ln\frac{N_A}{N_B}=\frac{kT}{e}\ln\frac{N_B}{N_C}=e_{BC}(T)$$

$$e_{AC}(T_0)-e_{AB}(T_0)=\frac{kT_0}{e}\ln\frac{N_A}{N_C}-\frac{kT_0}{e}\ln\frac{N_A}{N_B}=\frac{kT_0}{e}\ln\frac{N_B}{N_C}=e_{BC}(T_0)$$

将上述式子代入式（8.1-13）得

$$E_{AC}(T,T_0)-E_{AB}(T,T_0)=e_{BC}(T)-e_{BC}(T_0)=E_{BC}(T,T_0)$$

标准电极一般由铂制成，任一电极 B、C、D、E、…与一标准电极 A 组成的热电偶的热电动势已知时，就可以利用标准电极定律求出 B、C、D、E、…这些热电极两两组成

热电偶时的热电动势。

8.1.3 热电偶种类和结构

常用的热电偶有以下几种。

8.1.3.1 普通热电偶

普通热电偶就是指被广泛使用的热电偶，比如铂铑$_{10}$-铂、镍铬-镍硅、镍铬-考铜、铂铑$_{10}$-铂铑$_6$。

普通热电偶的结构如图8.1-6所示，基本上由五个部分组成。

（1）接线盒。以便与较远的显示仪表相连接，接线端子应标明正、负极性。

（2）热电极。常用材料种类来定名，如镍铬-镍硅、铂铑$_{10}$-铂等。

（3）保护管。能够使热电极与被测介质隔离，使之免受化学侵蚀或机械损伤，应经久耐用、传热性能好。

（4）绝缘管。防止两根热电极短路，通常采用石英、陶瓷等。

（5）热端。测量现场温度。

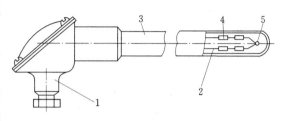

图 8.1-6 普通热电偶的结构
1—接线盒；2—热电极；3—保护管；4—绝缘管；5—热端

铂铑$_{10}$-铂热电偶正极为0.5mm的铂铑丝（铂90％，铑10％），负极为相同直径的纯铂丝，在1300℃以下范围内可以长时间使用，在良好的使用环境下可短期测量1600℃的高温。高纯度的铂和铂铑容易得到，所以此种热电偶具有较高的复制精度和测量准确精度，可用作精密温度的测量。铂铑$_{10}$-铂热电偶在氧化性或中性介质中具有较高的物理化学稳定性。但铂和铂铑都属于贵重金属，成本较高，铂铑$_{10}$-铂热电偶热电动势较弱，在高温时易受还原性气体所发出的蒸气和金属蒸气的侵害而变质，引起热电偶特性的变化，影响测量精度。

镍铬-镍硅热电偶正极为镍铬，负极为镍硅。此种热电偶有较高的化学稳定性，可以在氧化性或中性介质中长时间地测量900℃以下的温度，短期测量可达1200℃。在还原性介质中，只能用于测量500℃以下的温度。镍铬-镍硅热电偶价格便宜，复制性好，产生的热电动势大，线性好，虽然测量精度偏低，但能满足测量要求，在工农业生产中得到了广泛应用。

镍铬-考铜热电偶正极为镍铬，负极为考铜。热偶丝直径为1.2～2mm，适用于还原性或中性介质，长期使用温度在600℃以下，短期测量可达800℃。镍铬-考铜热电偶价格便宜，热电灵敏度高，但测量范围小，考铜合金丝易受氧化而变质，材料质地坚硬，不易得到均匀的线径。

各种热电偶的热电势与温度的关系见图8.1-7。

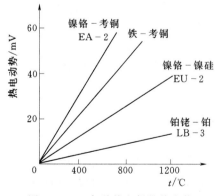

图 8.1-7 各种热电偶的热电势与温度的关系

8.1.3.2 铠装热电偶

铠装热电偶有接地型、非接地型和裸露型三种,其结构如图8.1-8所示。铠装热电偶把热电偶的双金属线装入金属管内,再用无机物进行电气隔离,其优点是耐热、耐压、耐冲击性强;外径细,体积小,热惰性小,响应速度快;柔软耐弯曲,可适用于结构复杂(如狭窄弯曲管道)和小空间(如电机轴瓦测温)的场合。

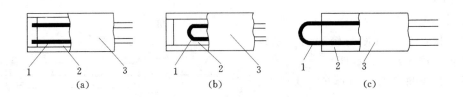

图8.1-8 三种铠装热电偶的结构

(a)接地型;(b)非接地型;(c)裸露型

1—热电偶;2—氧化镁;3—金属

8.1.3.3 薄膜热电偶

薄膜热电偶是用真空蒸馏等方法使两种热电极材料(金属)蒸镀到绝缘基板上,两者牢固地结合在一起,形成薄膜状热接点。为了防止电极氧化,并与被测物体绝缘,在薄膜表面上再镀一层二氧化硅膜,其结构如图8.1-9所示。

薄膜热电偶的特点是热点为非常薄的薄膜,尺寸也可做得很小,热接点的热容量小,测量反应时间很快。在应用时,薄膜热电偶用粘胶剂紧贴在被测物表面,热损失极小,能大大提高测量精度。

薄膜热电偶主要应用于要求测量精确、快速的场合,也可以用来测量微小面积上的温度。

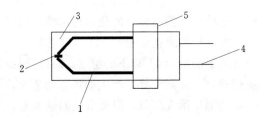

图8.1-9 薄膜热电偶

1—热电极;2—热接点;3—绝缘基板;

4—引线;5—引线接头部分

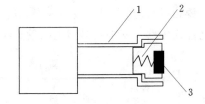

图8.1-10 探头型表面热电偶

1—热电极;2—弹簧;3—绝缘物

8.1.3.4 表面热电偶

表面热电偶可以固定安装或焊接在被测物表面,也可以制成可拆卸的形式。因为当测量形状不同的固体表面温度时,要求热电偶有不同的形状和安装方式,所以表面热电偶得以广泛应用。

图8.1-10为一种探头型表面热电偶,适用于静态或低速旋转的物体的表面温度的测

量。连接测量端的探头有时可以制成可互换的，其型式可根据被测物体表面的具体情况而定。

8.1.3.5 消耗式热电偶

又称快速型热电偶，它体积小，造价便宜，动态性能好，测量结果可靠。

常用热电偶的特性参数见表 8.1-1。

表 8.1-1 **热 电 偶 的 特 性 参 数**

热电偶种类	测量范围/℃	热电动势/mV	优　点
T（低温）	−200～+350	−5.603/−200℃ +17.816/+350℃	适应弱氧化性环境
E（中温）	−200～+800	−8.82/−200℃ +61.02/+800℃	热电动势大
J（中温）	−200～+750	−7.89/−200℃ +42.28/+750℃	热电动势大，适应还原性环境
K（高温）	−200～+1200	−5.981/−200℃	适应氧化性环境，线性度好
B（超高温）	+500～+1700	+1.241/+500℃ +12.426/+1700℃	可用于高温环境，适应氧化、还原性环境
R（超高温）	0～+1600	0/0℃ +18.842/+1600℃	
S（超高温）	0～+1600	0/0℃ +16.771/+1600℃	

8.1.4 热电偶冷端处理

为了达到热电动势与被测温度之间的单值函数关系，应使热电偶冷端温度保持不变，另外，各种热电偶的热电动势与温度的关系数据表（分度表）都是令 $T_0 = 0℃$ 时作出的。但实际测温现场温度是不断变化的，常用的冷端温度的处理方法有以下几种。

8.1.4.1 延伸导线法

一般采用补偿导线将热电偶冷端延伸出来，这种导线在 0～100℃ 范围内具有和所连接的热电偶相同的热电性能，热电偶和补偿导线连接端所处的温度不应超出 100℃，以避免由于热电性能不同带来新的误差。具体接线方法可参见图 8.1-11。

8.1.4.2 0℃ 恒温法

可以把热电偶冷端放在盛有绝缘油的试管中，再把试管放入装满冰水混合物的保温容器内，使热电偶冷端保持 0℃ 恒温，以达到热电势与被测温度之间的单值函数关系。

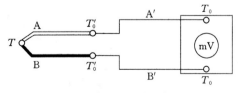

图 8.1-11 补偿导线和热电偶的接线方法
A、B—热电偶热电极；A′、B′—补偿导线；
T_0'—热电偶原冷端温度；
T_0—新冷端温度

8.1.4.3 冷端恒温加计算修正法

因为热电偶的温度—热电动势曲线是在冷端温度保持在0℃的情况下得到的，配套使用的仪表据此刻度。实际使用热电偶测量温度时，冷端温度往往不等于0℃，需要对仪表指示值进行修正方可。

当冷端为 t℃恒温时（$t>0$），测得的热电动势应小于热电偶的分度值，为求得真实温度，可利用下式进行修正

$$E(T,t) = E(T,0) - E(t,0) \qquad (8.1-14)$$

8.1.4.4 电桥补偿法

利用不平衡电桥产生的电动势来补偿热电偶因冷端温度变化而引起的热电动势变化值，具体接线如图8.1-12所示。

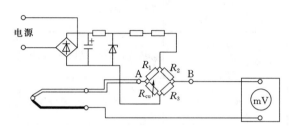

图 8.1-12 电桥补偿法接线图

补偿电桥由4个桥臂和桥路稳压电源组成，串联在热电偶测量回路中。热电偶冷端与电阻 R_{cu} 的温度相同，可以取20℃时电桥平衡，此时A、B两点等电位（$U_{ab}=0$），当环境温度高于20℃时，R_{cu}增加，A点电位高于B点，U_{ab}与热端电势相叠加后送入测量仪表。适当选择桥臂电阻和电流的数值，可使电桥产生的不平衡电压正好补偿由于冷端温度变化而引起的热电动势变化值，仪表即可指示正确数值。

8.1.5 热电偶实用测温电路及应用

8.1.5.1 测量某点温度的基本电路

一个热电偶和一个仪表配用的连接电路如图8.1-13所示，有两种基本接线方式，图8.1-13（a）要求C的两端温度相等，图8.1-13（b）的冷端位于仪表外边。

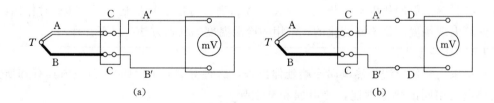

(a)   (b)

图 8.1-13 测量某点温度的基本电路

(a) 冷端延伸到仪表内；(b) 冷端在仪表外

A、B—热电偶热电极；A′、B′—补偿导线；C—铜接线柱；D—铜导线

8.1.5.2 利用热电偶测量两点之间温度差的连接电路

热电偶测量温差的连接电路如图8.1-14所示。两支同型号的热电偶配用相同的补偿导线，接线使两热电动势互相抵消，可测出两点之间的温度差值，要求两支热电偶新的冷端温度相等，以保持热电动势与温差之间的线性关系。

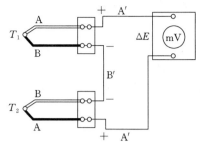

图 8.1-14 测量两点之间温度差的
连接电路

8.1.5.3 利用热电偶测量设备中平均温度的连接电路

利用热电偶测量设备中的平均温度接线图如图 8.1-15 所示。有串联和并联两种接线方式。

在串联接线方式中，仪表两端的热电动势等于几个热电偶产生的热电动势的总和，即 $E = E_1 + E_2 + E_3$。若有热电偶烧坏，可以及时发现，还可以串联获得较大的热电动势。应用串联方式时，每一热电偶引出的补偿导线需要回接到仪表中的冷端处，另外，测量点不应接地。

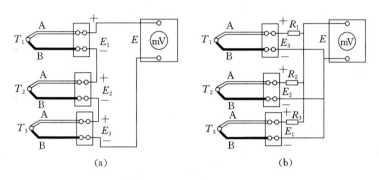

图 8.1-15 利用热电偶测量设备中的平均温度连接电路
(a) 串联形式；(b) 并联形式

在并联接线方式中，仪表两端的热电动势等于几个热电偶产生的热电动势的平均值，即 $E = (E_1 + E_2 + E_3)/3$。若有热电偶烧坏，可能不会及时发现，每一热电偶需要串联较大的电阻，以保证工作在曲线的线性部分。同样，测量点不应接地。

8.2 辐射式温度传感器

辐射式温度传感器是利用从物体表面散发出来的热辐射功率 M_λ 和波长 λ 与物体温度 T 之间的关系进行温度测量的传感器。

自然界中的任何物体，只要具有温度（高于绝对温度 0K），都有热辐射。热辐射在本质上是波长 λ 在 $0.4 \sim 40\mu m$ 波谱段内的电磁波，辐射的主要特征是热效应，在高温时热效应更加显著。利用辐射测量温度是一种非接触式的检测方法，特别适合测量高温物体。

8.2.1 三个基本定律

8.2.1.1 基尔霍夫定律

当能量辐射到物体上时，一些能量被吸收，一些能量被反射，黑色物体表面吸收大部分能量，而明亮颜色的表面反射大部分能量，吸收的辐射能 E_λ 与照射在物体表面上的辐射能 E_0 之比为该物体对辐射的吸收系数 α。用公式表达为

$$\alpha = \frac{E_\lambda}{E_0} \tag{8.2-1}$$

吸收系数 $\alpha=1$ 的物体被称为黑体，所以，黑体是在任何温度下全部吸收任何波长辐射的物体。

如果物体与其环境处于热平衡状态，物体吸收的辐射能量 E_λ 一定等于物体出射的辐射能量，在此条件下的吸收和辐射称为热辐射。一个物体向四周发射热辐射时，同时也能吸收周围物体所发射的热辐射，辐射能力与吸收能力相同。

利用式（8.2-1）可以导出

$$\frac{E_{\lambda_1}}{\alpha_1} = \frac{E_{\lambda_2}}{\alpha_2} = \cdots = E_0 \tag{8.2-2}$$

可以看出，不同物体的吸收本领（同时也是发射本领）是不同的，但是不同物体吸收的热辐射能 E_λ 与吸收系数 α 之比是相同的，它与物体的性质无关，只与物体表面能够吸收的波长 λ 和物体的温度 T 相关。

8.2.1.2 斯特潘-玻尔兹曼定律

物体温度越高，它辐射出来的能量越多。某物体在 T 温度时单位面积和单位时间的热辐射功率 M_λ 表示为

$$M_\lambda = \sigma \varepsilon T^4 \tag{8.2-3}$$

式中　　σ——斯特潘-玻尔兹曼常数，$\sigma=5.66961\times10^{-3} \text{W}/(\text{m}^2 \cdot \text{K}^4)$。

　　ε——辐射系数，该物体表面辐射本领和黑体表面辐射本领的比值，黑体 $\varepsilon=1$。

一个物体的辐射能量与该物体的绝对温度相关，利用此关系式，通过对物体辐射能的测量，可以求出物体的温度。实际的物体并不是一个全辐射体，所以 $\varepsilon<1$。

对于热辐射，物体表面的吸收系数与发射系数相等（即 $\alpha=\varepsilon$），且与温度无关。

8.2.1.3 维恩位移定律

热辐射发射的电磁波中包含着各种波长。物体峰值辐射波长 λ_m 与物体自身的绝对温度成反比，即

$$\lambda_m = \frac{2897}{T}(\mu\text{m}) \tag{8.2-4}$$

图 8.2-1 给出了不同温度 T 下，热辐射功率 M_λ 得峰值对应于峰值辐射波长 λ_m 的关系。从图中可以看出，λ_m 与 T 成反比，随着温度的升高，它的峰值辐射波长 λ_m 向短波方向移动。温度不很高的情况下，峰值辐射波长 λ_m 在红外区域。

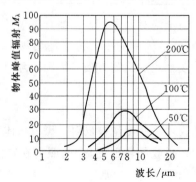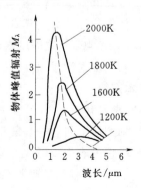

图 8.2-1　辐射波长与温度的关系

8.2.2 辐射式温度传感器

辐射式温度传感器有全辐射温度传感器、红外辐射温度传感器、光电亮度温度传感器、光电比色温度传感器等。

8.2.2.1 全辐射温度传感器

全辐射温度传感器是利用斯特潘—玻尔兹曼定律描述物体的温度 T 与热辐射功率 M_λ 的关系来测量温度。测量时可用测温元件测出辐射功率的大小，就可以测出被测对象的温度。由于辐射系数 ε 的存在，测出的温度要低于物体的实际温度。黑体的总热辐射功率等于非黑体的总热辐射功率时，此黑体的温度即为非黑体的辐射温度，两者的关系为

$$\varepsilon\sigma T^4 = \sigma T_F^4 \tag{8.2-5}$$

式中 T——物体的真实温度；

　　T_F——物体的辐射温度。

由式（8.2-5）可得

$$T = T_F \sqrt[4]{1/\varepsilon} \tag{8.2-6}$$

式（8.2-6）表示了物体辐射温度与真实温度之间的关系。当辐射系数 ε 和物体辐射温度 T_F 已知时，可以求出物体的实际温度 T。表 8.2-1 为部分常用材料的辐射系数 ε。

表 8.2-1　　　　　　　　　　　　常用材料的辐射系数

材　　料	温度范围/℃	辐射系数 ε
铁	1000～1400	0.8～0.13
氧化铁	500～1200	0.85～0.95
银	1000	0.035
镍	1000～1400	0.056～0.069
氧化镍	600～1300	0.54～0.87
氧化铜	800～1100	0.66～0.54
铂丝	225～1375	0.073～0.182
镍铝合金	125～1034	0.64～0.76
煤	1100～1500	0.52
钨	1000～3000	0.15～0.34
铝	200～600	0.11～0.19

8.2.2.2 红外辐射温度传感器

红外辐射是一种电磁波，其波长范围在 $0.76～420\mu m$。根据电磁波谱，红外辐射是波长位于可见光和微波之间的一种不可见光，与所有电磁波一样，红外辐射也具有反射、折射、散射、干涉、吸收等性质。

不论任何物体，只要其本身温度高于绝对零度（$-273.16℃$），就会不断辐射红外线，物体的温度越高，辐射功率越大，因此，可以利用红外辐射测量物体的温度。实际应用中，随着应用场合的不同，所用红外辐射的波长也不同。

红外辐射传感器能够把红外辐射量的变化转化为电量的变化，根据其物理效应可分为热敏和光敏两大类型。

红外辐射温度传感器不但可以制成红外测温装置，而且可以用于红外无损探伤。红外无损探伤的原理是当内部存在缺陷的工件均匀受热而温度升高时，由于缺陷的存在，将使热流的流动受到阻碍，从而在工件的相应部位上出现温度异常现象。据此可以探测金属、陶瓷、塑料、橡胶等各种材料中的裂缝、异物、气泡、孔洞等各种缺陷。

1. 光电亮度温度传感器

光电亮度温度测量依据的是斯特潘—玻尔兹曼定律。只要测得物体在温度 T 时，单位时间、单位面积的红外辐射功率 M_λ，就可以确定物体的温度 T。

图 8.2-2 是光电亮度温度传感器的简单测量方案，被测物体辐射经简单光学系统直接聚焦在光敏元件上，输出信号经放大后由显示仪表显示。测量时光敏元件轮流对准被测物体和参考源进行亮度比较。当参考源的辐射响应与被测物体的辐射响应相等时，对准被测物体的温度为亮度温度，它比被测物体的实际温度要小，需用 ε 系数修正。光敏元件较灵敏时，可不必放大，直接用毫伏表显示。

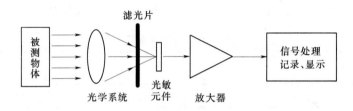

图 8.2-2　光电亮度温度传感器简单测量方案

2. 光电比色温度传感器

光电比色温度测量依据的是维恩位移定律。当物体温度升高时，绝对黑体辐射能量的光谱分布要发生变化。辐射峰值向波长短的方向移动，光谱分布曲线的斜率也明显增加。由于斜率的增加使两个波长对应的光谱能量也产生明显的变化。光电比色温度传感器就是通过测量两个不同波长光谱能量比的方法来检测温度的。当绝对黑体辐射的两个波长 λ_1、λ_2 的亮度比等于非黑体的响应亮度比时，绝对黑体的温度就称为这个非黑体的比色温度。

光电比色温度传感器测量方案如图 8.2-3 所示。被测物体辐射来的射线经光学系统聚焦在光敏元件上，在光敏元件之前放置开孔的旋转调制盘。圆盘由电机带动，把光线调制成交变的，在圆盘的开孔上附有两种颜色的滤光片，一般多选红色、蓝色。红色、蓝色

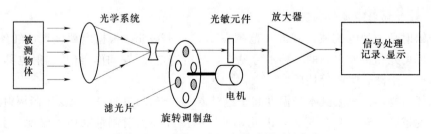

图 8.2-3　光电比色温度传感器测量方案

光交替地照在光敏元件上，使光敏元件输出相应红光和蓝光的光电信号，经放大得到 U_R 和 U_B 两个电压信号。

根据比色温度的定义有

$$\frac{L_0(\lambda_1 T_S)}{L_0(\lambda_2 T_S)} = \frac{L(\lambda_1 T)}{L(\lambda_2 T)} \tag{8.2-7}$$

式中　$L_0(\lambda_1 T_S)$、$L_0(\lambda_2 T_S)$——参考物体温度为 T_S 时，波长为 λ_1 和 λ_2 的单色辐射亮度；

　　　　$L(\lambda_1 T)$、$L(\lambda_2 T)$——被测物体温度为 T 时相应的辐射亮度。

由式（8.2-7）可得测量信号的比值

$$\frac{U_{R0}}{U_{B0}} = \frac{U_R}{U_B} \tag{8.2-8}$$

式中　U_{R0}、U_{B0}——参考物体温度为 T_S 时的辐射经红、绿滤色片后的电压信号；

　　　　U_R、U_B——被测物体温度为 T 时相应的电压信号。

在满足式（8.2-8）的情况下，如果知道参考物体的温度 T_S，也就知道被测物体的温度 T，即 $T=T_S$。同样 T 比被测物体的实际温度要小，需用 ε 系数修正。实际上单色光的纯度、波长的选择对测量的精确度都有影响，通常 λ_1 和 λ_2 越接近越好。

习　题

1. 什么叫热电动势、接触电动势和温差电动势？

2. 试述热电偶测温的基本原理和基本定理。

3. 说明热电偶冷端处理的重要性。冷端温度处理有哪些方法？

4. 热电偶测量温度时，为什么要进行温度补偿？补偿的方法有哪几种？

5. 将一灵敏度为 0.08mV/℃ 的热电偶与电压表相连接，电压表接线端是 50℃，若电位计上读数是 60mV，热电偶的热端温度是多少？

6. 简述热辐射的概念及辐射式温度传感器的工作原理。

7. 说明光电亮度温度传感器与光电比色温度传感器的区别。

8. 分析热电阻、热敏电阻、半导体温度传感器、热电偶、辐射式温度传感器在性能、测温精度、测温范围、使用环境等方面的差异，说明选择温度传感器的原则。

第9章 数字传感器

随着微电子技术的飞速发展，数字化信息时代的到来必然带动数字式传感器的广泛使用及不断进步。数字化传感器是将连续变化的被测量转换成离散的电信号（如调频或调宽脉冲信号、数码信号），它的主要优点是：①容易与以微处理器为核心的数字化系统接口；②信息传递过程中无损失，而且不易被干扰；③稳定性好、精度高，不会产生人为的读数误差。数字化传感器是多种多样的，以码盘、光栅、磁栅、感应同步器等为代表的位移—数字传感器，是在敏感元件及转换元件的设计上实现了模拟量的数字化。有些传感器是利用测量和转换电路实现模拟量的数字化，如数字式温度传感器、数字式加速度传感器等。

本章仅介绍光栅传感器及细分技术。

9.1 光 栅 传 感 器

9.1.1 光栅测量的基本原理

光栅是光栅传感器的主要元件，它是一把尺子，在尺面上刻有透明或不透明的排列规则和形状规则的刻线，图 9.1-1 所示是黑白型长光栅尺。尺上平行等距的刻线称为栅线。a 为条纹宽度，b 为刻线宽度，$d=a+b$ 称为光栅栅距（亦称光栅节距或称光栅常数）。一般情况下，光栅的透光缝宽等于不透光的缝宽，即 $a=b$。如果把两块黑白型长光栅尺面对面相叠放，两块光栅尺的栅线形成很小夹角 θ；由于光的干涉效应，就会产生垂直于栅线的明暗相间的条纹，如图 9.1-2 所示。图中 I 为不透光的暗条纹，II 为透光的亮条纹，这种明暗相间的条纹被称为莫尔条纹。如果两光栅尺做左右相对运动，则莫尔条纹上下运动。莫尔条纹的间距 w 与栅距 d、光栅夹角 θ 的关系可由图中的 $\triangle ABC$ 求出：

$$w = \frac{d}{2\sin\left(\frac{\theta}{2}\right)} \approx \frac{d}{\theta} \qquad (9.1-1)$$

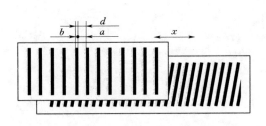

图 9.1-1 黑白型长光栅

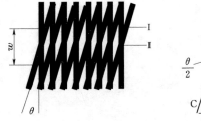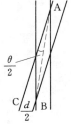

图 9.1-2 莫尔条纹的形成

由式（9.1-1）可以得出如下重要结论：

（1）对应关系。在两光栅夹角 θ 一定的情况下，如果两光栅左右相对移动，莫尔条纹上下方向移动。如果光栅移动一个栅距 d，莫尔条纹对应地移动一个纹距 w。这种严格的对应关系，不仅可以根据莫尔条纹的移动量来判断光栅尺的位移量，同时可以根据莫尔条纹的移动方向来判断光栅尺的位移方向。

（2）放大作用。由式（9.1-1）可知光栅的放大系数为

$$K = \frac{w}{d} \approx \frac{1}{\theta} \tag{9.1-2}$$

θ 角越小，K 值越大。如令 $\theta = 0.00174532\text{rad}$（即 $1''$），$d = 0.02\text{mm}$，$K = 572.961$，$w = 11.4592\text{mm}$。尽管栅距很小，但莫尔条纹却很明显，所以，我们可以用较大的莫尔条纹移动量换算出非常小的光栅位移 x。

（3）平均效应。莫尔条纹是由大量的栅线形成的，这对栅线宽度和栅距的刻划误差、栅线的断裂及其他疵病有平均作用，从而起到了减小光栅栅距局部误差的作用。

9.1.2 光栅的类型

9.1.2.1 按光线走向分类

（1）透射光栅。在透明的玻璃上均匀地刻划间距及宽度相等条纹而形成的光栅称为透射光栅。透射光栅的主光栅一般用普通工业用白玻璃，而指示光栅最好用光学玻璃，见图 9.1-3（a）。

（2）反射光栅。在具有强反射能力的基体（如不锈钢或玻璃镀金属膜）上，均匀地刻划间距及宽度相等的条纹而成的光栅称为反射光栅，见图 9.1-3（b）。

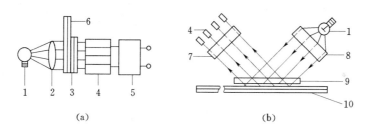

图 9.1-3　透射光栅与反射光栅

1—灯泡；2—透镜；3—扫描分划板；4—光电元件；5—电子部件；6—标尺；
7—聚光镜；8—准直透镜；9—玻璃分划板；10—钢尺

9.1.2.2 按物理原理分类

（1）黑白光栅。又称幅值光栅。有透射的也有反射的。黑白透射光栅是在玻璃表面上刻划成一系列平行等间距的透光缝隙和不透光的栅线，见图 9.1-1。黑白反射光栅是在金属的镜面上刻成全反射和漫反射间距相等的条纹。

（2）相位光栅。又称衍射光栅，栅线形状如图 9.1-4 所示。d 为光栅常数，其斜面倾角 γ 根据光栅材料的折射率与入射光的波长来确定。相位透射光栅应用较少，相位反射光栅适用于实验室作精密测量用。栅线密度一般为每毫米 $100\sim$ 2800 条，刻线宽度一般 $0.4\sim7\mu\text{m}$。

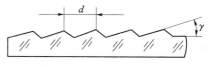

图 9.1-4　相位反射光栅

9.1.2.3 按形状和用途分类

（1）长光栅。它主要用于测量长度。光栅条纹密度有 25 条/mm、50 条/mm、100 条/mm 和 250 条/mm 几种，有透射的，也有反射的；有黑白的，也有相位的。

（2）圆光栅。一种是径向光栅，其栅线的延长线全部通过圆心；另一种是切向光栅，其全部栅线与一个同心小圆相切，小圆直径只有零点几或几个毫米，圆光栅主要用透射的。圆光栅的结构及径向光栅和切向光栅如图 9.1-5 所示。

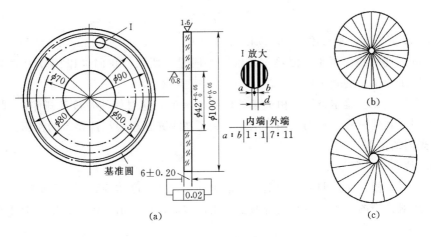

图 9.1-5　圆光栅

9.1.3　光栅传感器的结构

光栅传感器由光源、主光栅、指示光栅和光电元件几个主要部分构成。图 9.1-6 所示透射式光栅的结构原理。图 9.1-7 为反射式光栅的结构原理。

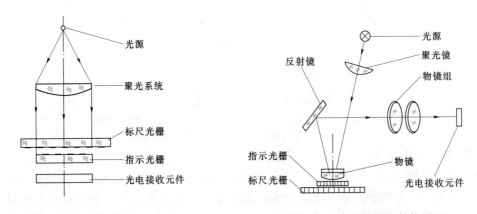

图 9.1-6　透射式光栅的结构原理　　　图 9.1-7　反射式光栅的结构原理

（1）光源。过去采用钨丝灯泡，它有较小的功率，工作温度范围可从 $-40\sim130℃$，与光电元件组合时，转换效率低，使用寿命短。半导体发光器件，如砷化镓发光二极管可以在 $-60\sim100℃$ 范围内工作，发射光的峰值波长为 $9100\sim9400\text{Å}$，接近硅光敏三极管的峰值波长，因此有较高的转换效率，同时也有较快的响应速度（约 $2\mu s$）。

（2）光栅付。由栅距相等的标尺光栅和指示光栅组成，两者在平行光的照射下形成莫尔条纹。标尺光栅是光栅测量装置中的主要部分，因此又称主光栅。整个测量装置的精度主要由标尺光栅的精度来决定。指示光栅比标尺光栅要短，两者相距为

$$s = d^2 / \lambda \tag{9.1-3}$$

式中　d——栅距；

　　　λ——有效光的波长。

标尺光栅一般固定在被测体上，且随被测体移动，其长度取决于测量范围，指示光栅与光电接收元件固定。

（3）光电（接收）元件。光电元件是用来检测莫尔条纹的移动。在选择光电元件时，要考虑灵敏度、响应时间、光谱特性、稳定性、体积和成本等因素，一般采用光电池和光敏三极管。硅光电池不需外加电压，受光面积大，性能稳定，但响应时间长，灵敏度较低。光敏三极管灵敏度高，响应时间短，但稳定性较差。

9.1.4　光栅传感器测量原理

9.1.4.1　利用莫尔纹测量位移的原理

以黑白透射光栅传感器来说明其测量位移的原理，在图9.1-2的位置Ⅰ处，两块光栅的栅线彼此完全遮光，光通量为零；在位置Ⅱ处，两块光栅的栅线彼此不再遮光，光通量最大。如果不考虑光栅的衍射作用，而且假设两块光栅接触迭合，设它们的栅距相等，缝宽和线宽亦相等，则根据简单的遮光原理，此时光通过两块光栅后的光能量分布将是一个三角波，见图9.1-8（a）。但实际中，光栅有衍射作用，而且为了避免两块光栅尺在做相对运动时的擦碰，两块光栅尺之间必须有适当的间隙。此外，照明光源有一定宽度，两块光栅尺的缝宽和线宽不严格相等，由于这些原因，实际的光能量分布将是一个近似的正弦波，如图9.1-8（b）所

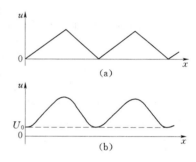

图9.1-8　光栅位移与光电元件输出

示。当两块光栅相对移动时，光电元件将接收莫尔条纹的变化，感受从全暗逐渐到全亮的周期性过程。光电元件把接收到的光强变化转化为电信号输出，图9.1-8（b）中u代表光电元件两端电压，x代表光栅的位移。输出电压与位移的关系为

$$u = U_0 + U_m \sin\left(\frac{2\pi x}{d}\right) \tag{9.1-4}$$

式中　U_0——直流电压分量；

　　　d——栅距；

　　　x——位移。

光栅移动一个栅距d，莫尔条纹走过一个纹间距w，输出电压u正好是一个周期。经过电路整形后，可以得到代表周期性变化的脉冲量，脉冲数与莫尔纹条纹数相对应，因此可以得到位移量与脉冲数的关系为

$$x = Nd \tag{9.1-5}$$

式中　N——莫尔条纹数。

图 9.1-9 相距 $w/4$ 的两个光电元件

○— 光电元件 1
○— 光电元件 2

9.1.4.2 辨向原理

从上述分析可以看出，单一光电接收元件只能反映出莫尔条纹的明暗变化，而不能判别光栅的移动方向。这是因为无论光栅是正向移动，还是反向移动，单一光电接收元件输出相同的正弦波。为了能够分辨光栅的移动方向，通常至少需要使用两个光电接收元件，经过辨向电路的处理，在得到脉冲数的同时也可以得到方向信号。辨向原理是：

设置两个以上光电接收元件，它们相距 $w/4$ 的距离，以得到两个相位差 $90°$ 的正弦信号，如图 9.1-9 所示，然后把它送到辨向电路中去处理，见图 9.1-10。

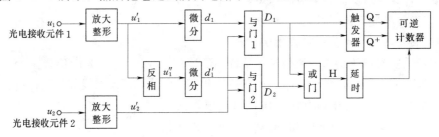

图 9.1-10 辨向电路原理框图

当主光栅正向移动（左移）时，莫尔条纹向上移动，这时光电元件 1 的输出电压波形和光电元件 2 的输出电压波形如图 9.1-11（a）所示，u_2 超前 u_1 为 $90°$ 相角。u_1、u_2 经整形放大后得到两个方波信号 u'_1、u'_2，u'_2 仍超前 u'_1 $90°$。u''_1 是 u'_1 反相后得到的方波。d_1 和 d_2 是 u'_1 和 u''_1 两个方波经微分电路后得到的脉冲波形。由图可见，对于与门 1，由于 d_1 处于高电平时，u'_2 也是高电平，因而 D_1 有输出脉冲；对于与门 2，d_2 处于高电平时，u'_2 总是处于低电平，因而与门的信号输出 D_2 为零。在正向位移时，D_1 有信号而 D_2 为零，通过触发器控制计数器作加法计数。如果光栅做反向位移，由图 9.1-11（b）可知，u_1 超前 u_2 $90°$ 相角。D_1 为零而 D_2 有脉冲信号，此时经触发器控制可逆计数器作减法计数。无论光栅是正向位移还是反向位移，D_1 和 D_2 信号都可以通过或门进入计

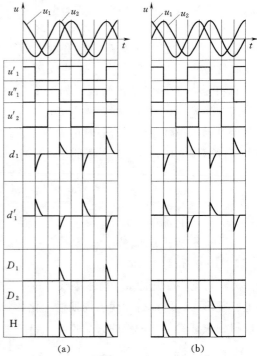

图 9.1-11 光栅正向和反向移动时各点波形
（a）正向移动时各点波形；（b）反向移动时各点波形

数器。总之，正向位移时，脉冲数累加；反向移动时，便从累计的脉冲数中减去反向移动所得到的脉冲数，这样光栅传感器就能够辨向，因而可以进行正确的测量。

9.2 电 子 细 分 技 术

利用计数器累计的脉冲数可以得到光栅的位移量，对于单一光电元件来说每一个脉冲代表莫尔条纹的一个周期从该元件上移过，而一个莫尔条纹又对应于一个光栅栅距，如栅距为 0.02mm 的光栅，每一个脉冲代表了光栅移动了 0.02mm。很显然在精密测量中，仅有 0.02mm 的分辨力是不够的。为了提高分辨率，经常采用电子细分技术。对莫尔条纹的细分方法有光学细分法、机械细分法和电子细分法等几种。

电子细分技术不仅适用于光栅传感器，而且只要传感器输出信号的周期或相位受被测量的控制，均可使用细分技术来提高传感器的分辨能力，从而达到高精度的测量。

9.2.1 四倍频直接细分

这种细分法是在一个莫尔条纹宽度内，按 $w/4$ 间隔放置四个光电元件，使这四个光电元件输出的电信号相位依次差 $90°$，这样可以获得依次相差 $\pi/2$ 相位的四个正弦交流信号。经过整形后，在一个莫尔条纹周期内将获得四个计数脉冲信号，相当于把一个栅距分成了四份，实现了四细分。

实际应用中，也可以用两只光电接收元件完成四倍频直接细分的任务。在对图 9.1-10 和图 9.1-11 的分析过程中，已经得到了用相距 $w/4$ 的两个光电接收元件经过反相器完成四细分的电路。

直接细分的方法有如下优点：①电路简单（主要电路是鉴零整形电路）；②对莫尔条纹无严格要求；③动态响应好，适用于动、静态测量。

9.2.2 矢量运算细分

矢量运算细分的基本原理是：当两个幅值相等但相角不同的矢量作加法或减法运算以后所得新矢量的相位不同于原来的两个矢量。这样通过差分放大器进行多次计算就能在一个莫尔条纹信号周期内，获得数量更多的具有恒定相移的正弦波形，从而达到细分莫尔条纹的目的。在矢量运算法中，为了运算规律简单，一般要求各原始信号的幅值相等，同时令各差分放大器进行减法运算，以便抵消直流电平和其他共模干扰。图 9.2-1 是 10 倍频的矢量运算电路原理图，原始信号是用四极硅光电池直接接收的四相信号，其相位分别为 $0°$、$72°$、$144°$、$216°$，各信号之间有恒定 $72°$ 的相移。这可以通过调节莫尔条纹的宽度（四极硅光电池的宽度等于莫尔条纹宽度的 4/5）来实现。

图 9.2-2 是该细分法的矢量图。差

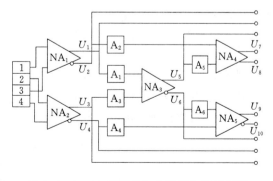

图 9.2-1　10 倍频的矢量运算电路原理图

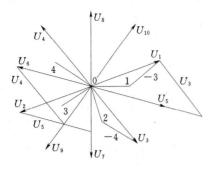

图 9.2-2　四极细分法的矢量图

分放大器 NA_1 将硅光电池 1、3 输出的原始信号进行减法运算后输出 U_1，U_1 经反相后得 U_2。差分放大器 NA_2 将硅光电池 2、4 输出的原始信号做减法运算得矢量 U_3，U_3 反相得 U_4。U_1 和 U_3 由放大器 A_1、A_3 分别作幅度调整后送到差分放大器 NA_3 做减法，其输出为 U_5 及其反相信号 U_6，并使得幅值相等。差分放大器 NA_5 将 U_6 和 U_4 做减法，输出为 U_9 和 U_{10}。通过差分放大器 NA_4 将 U_2 和 U_5 做减法，输出为 U_7 和 U_8。放大器 A_1、A_2、A_3、A_4、A_5、A_6 的功能是做各项的幅值调整，以保证参加运算的矢量只有相同的幅值。这样就得到 10 个相位互差 $36°$ 且幅度相等的正弦信号，达到了 10 倍频的目的。

当细分倍数更高时，线路变得更加庞杂，所以这种方法很少用作高倍细分。此外，这种细分法的精度受莫尔条纹信号质量影响很大，这是矢量细分很少用于高倍细分的另一原因。

9.2.3　电位器桥（电阻链）细分

在电位器两端施加相差 $90°$ 的电压 $U_m\sin\varphi$ 和 $-U_m\cos\varphi$ 如图 9.2-3 所示。图中虚线为电位器的输出电压波形 U_i，电压 U_i 的移相受电位器电阻比值 R'/R'' 的控制，如果 R'/R'' 不同，则 U_i 的移相不同。如果要在 $U_m\sin\varphi$ 和 $-U_m\cos\varphi$ 的

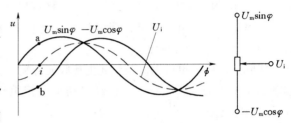

图 9.2-3　电位器移相原理图

相差之间插入 n 个波形，则第 i 个波形的移相量 φ_i 与电位器电阻比值 R'/R'' 的关系为

$$\frac{R'}{R''} = \frac{\overline{ai}}{\overline{bi}} = \left| \frac{U_m\sin\left(\dfrac{i}{n}90°\right)}{U_m\cos\left(\dfrac{i}{n}90°\right)} \right| = \left| \tan\left(\frac{i}{n}90°\right) \right| = \tan\varphi_i \qquad (9.2-1)$$

如果是 N 倍细分，即得依次相差为 $\dfrac{360°}{N}$ 的细分信号，就相当于在 $90°$ 内细分出 $n = \dfrac{N}{4}$ 个信号，则式（9.2-1）改写为

$$\frac{R'}{R''} = \left| \tan\left(\frac{i}{n}90°\right) \right| = \left| \tan\left(\frac{i}{N}360°\right) \right| = \tan\varphi_i \qquad (9.2-2)$$

利用图 9.1-9 中两个相距 $w/4$ 距离的光电接收元件，通过反向器，可得到直接四细分信号：$U_m\sin\varphi$、$U_m\cos\varphi$、$-U_m\sin\varphi$ 和 $-U_m\cos\varphi$。当 $N=48$ 时，按图 9.2-4 接线方法，即为 48 点电位器桥细分电路。细分出的第 i 个信号为

$$U_i = U_m\sin\left(\varphi - \frac{i}{48}360°\right) = U_m\sin(\varphi - i \times 7.5°) \qquad (9.2-3)$$

其中

$$\varphi = \frac{360°x}{d}$$

104

第 i 个电位器的电阻比值为

$$\frac{R'}{R''} = \left| \tan\left(\frac{i}{48}360°\right) \right| = \tan(i \times 7.5°) \tag{9.2-4}$$

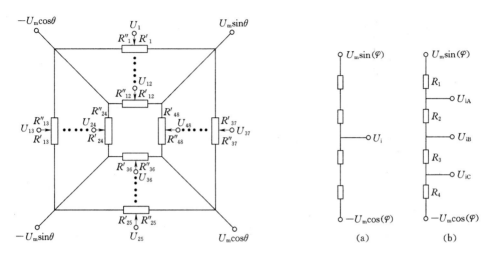

图 9.2-4　48 点电位器桥细分电路　　　　图 9.2-5　电阻链细分

电位器桥细分技术常用于进行 12～60 倍频细分。由于电位器的电阻比值依赖于电位器触头的可靠性，为了保证细分的精度和稳定，有时采用图 9.2-5（a）所示电阻链。图 9.2-5（b）所示电阻链，实际上是电桥的细分，U_{iA}、U_{iB}、U_{iC} 分别为细分输出，移相电阻比为

$$\left| t_g \varphi_{iA} \right| = \frac{R_1}{R_1 + R_2 + R_3 + R_4}$$

$$\left| t_g \varphi_{iB} \right| = \frac{R_1 + R_2}{R_1 + R_2 + R_3 + R_4} \tag{9.2-5}$$

9.2.4　复合细分

复合细分是利用直接细分所得到的 $U_m \sin\varphi$ 和 $-U_m \cos\varphi$ 两个信号，通过代数运算电路后，得到两个电压信号，即

$$u_A = U_m \left[|\sin\varphi| - |\cos\varphi| \right] \tag{9.2-6}$$

$$u_B = U_m \left[|\sin\varphi| + |\cos\varphi| + |\sin(\varphi + 45°)| + \cos(\varphi + 45°) \right] \tag{9.2-7}$$

u_A 近似为三角形波，其周期为莫尔条纹周期的 1/2；u_B 为直流脉动波，见图 9.2-5。将 u_B 和 $-u_B$ 经过电阻链分压，使得任一点 b_i 的电压输出为

$$U_{bi} = U_m \left[\left| \sin\frac{i}{n} \times 360° \right| - \left| \cos\frac{i}{n} \times 360° \right| \right] \tag{9.2-8}$$

式中　n——要求的细分数。

图 9.2-6 所示为一个四十细分的复合细分逻辑图。根据逻辑图，输入到比较器 BJ_1～BJ_9 的电压是 u_A，而参考电压依次是 U_{b1}～U_{b9}，即如图 9.2-5 所示的表示直流参考电压的九根直线。

随着主光栅的移动，电压 u_A 变化到 a_1 点时，与 U_{b1} 相同，BJ_1 动作输出一个计数脉

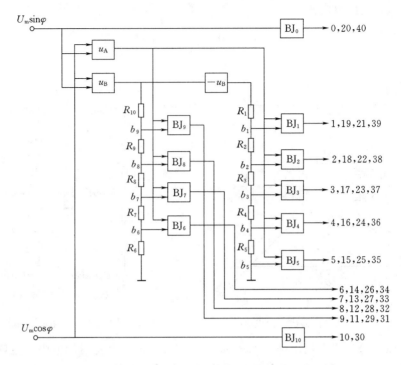

图 9.2-6 复合细分逻辑图

冲。变化到 a_2 点时与 U_{b2} 相同，BJ_2 动作又输出一个计数脉冲，同理可对各点进行分析。凡某点电压与参考电压 U_{bi} 相同时，比较器就有计数脉冲输出。例如 BJ_2 因和 U_{b2} 相同的电压有四点，即 a_1、a_{11}、a_{21}、a_{31}，因而先后被触发四次，$BJ_2 \sim BJ_9$ 也是如此。因而九个比较器共先后被触发 36 次，输出 36 个计数脉冲，再加上 $U_m\sin\varphi$ 和 $U_m\cos\varphi$ 四个过零点发出的四个计数脉冲，总共 40 个计数脉冲。移动一个栅距，莫尔条纹变化一个周期，即有 40 个计数脉冲输出，这样就实现了 40 细分。

这种细分方法的细分数是 8 的倍数，常用的细分数为 $40 \sim 80$。由于选用 U_{bi} 作参考电压与 u_A 比较，减小了光电信号不稳定对细分精度的影响，因而复合细分精度较高，缺点是其电路比较复杂。

<h1 style="text-align:center">习　题</h1>

1. 简要叙述光栅传感器测量的基本原理。
2. 说明光栅传感器的结构与类型。
3. 画出莫尔条纹的光电输出波形，说明辨向的原因及辨向原理。
4. 电子细分技术在传感器测量中的应用原理。

第 10 章　其 他 传 感 器

10.1　霍 尔 传 感 器

磁敏传感器是指电参数按一定规律随磁性量变化的半导体传感器，常用的磁敏传感器是霍尔传感器和磁敏电阻传感器，除此之外还有磁敏二极管、磁敏晶体管等。本章主要介绍霍尔传感器。

10.1.1　霍尔效应和集成霍尔传感器

10.1.1.1　霍尔效应的基本原理

霍尔效应是导电材料中的电流与磁场相互作用而产生电动势的物理效应。图 10.1-1 为一块长方形的半导体材料，其长、宽、厚分别为 l、b 和 d。在与 x 轴垂直的两个端面 A 和 B 上做上金属电极，称为控制电极。通过这两个控制电极外加一电压，便会形成一个沿 x 方向流动的电流 I，称为控制电流。在 z 方向存在磁场的情况下，在与 y 轴垂直的两个侧面 C 与 D 之间就会出现电势差 U_H，这个电势差就称为霍尔电势差。这样的效应就称为霍尔效应。利用霍尔效应制成的元件称为霍尔元件或霍尔传感器。

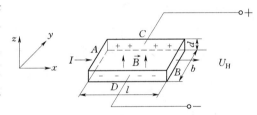

图 10.1-1　霍尔效应原理

我们知道电流是带电粒子（亦称为电荷载流子）在导电材料中定向运动的结果。而带电粒子在磁场中运动时，会受到劳伦兹力的作用，劳伦兹力常以矢量形式表示为

$$\vec{f}_L = q\vec{v}\vec{B} \qquad (10.1-1)$$

式中　$\vec{f}_L$——劳伦兹力；

　　　q——带电粒子所带的电荷量；

　　　$\vec{v}$——带电粒子的速度向量；

　　　$\vec{B}$——磁感应强度向量。

在 $\vec{v}$ 沿 x 方向，$\vec{B}$ 沿 z 方向时，力 $\vec{f}_L$ 是沿 y 方向的。在劳伦兹力的作用下，带电粒子要发生偏转，因而在与 y 轴垂直的两个端面上形成电荷积累。积累的电荷产生一个沿 y 方向的电场，这一电场对带电粒子也施加一个力。这个力的方向与劳伦兹力方向相反，随着积累电荷的增加，这个力也加大，直到与劳伦兹力相平衡为止。图 10.1-2 以 N 型半导体材料为例定性地说明了霍尔电势的产生原因。

下面我们定量地讨论霍尔电势差与磁场强度、电流和材料性质的关系。仍设图 10.1-1

(a)　　　　　　(b)　　　　　　(c)

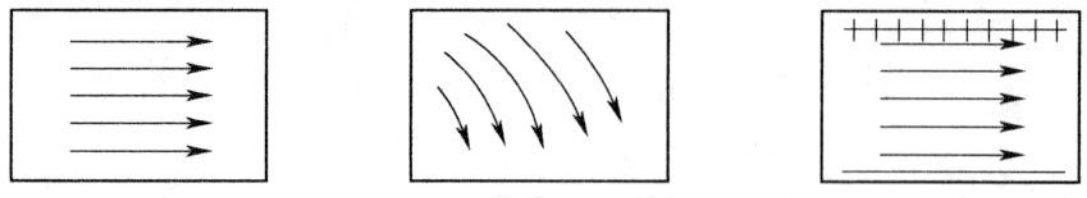

图 10.1-2　霍尔电势形成的定性说明

(a) 磁场为 0 时，电子在半导体中的流动；(b) 磁场垂直
向着纸面时，电子在劳伦兹力作用下发生偏转；
(c) 电荷积累达到平衡时，电子的流动

中的材料是 N 型半导体，导电的载流子为电子。如外加电场沿 x 方向，大小为 E_x。电子在这一电场作用下将向负 x 方向作漂移运动，它的平均漂移速度为

$$v_x = \mu_x E_x$$

式中 μ_x 为电子的漂移迁移率或简称为迁移率，它表示在单位电场强度的作用下，电子的漂移速率，迁移率反映了材料中电子的可动程度，不同种类以及不同掺杂浓度的材料中电子迁移率是不同的。

因为电子带的电荷为 $-e$，在磁场沿 z 方向的情况下，劳伦兹力为

$$\vec{f}_L = -e\,\vec{v}\vec{B}$$

式中 $\vec{v}$ 是沿负 x 方向的，因此劳伦兹力 $\vec{f}_L$ 沿 y 轴负向，它的数值就是 evB。这个力使电子在图 10.1-1 中 D 点所在的平面上积累，形成负电荷，而在相对的 C 点所在平面上，因电子缺乏而形成正电荷积累，积累电荷在半导体中形成沿 y 轴负向的电场 $\vec{E}$，称为霍尔电场。在平衡时霍尔电场 $\vec{E}$ 对电子的作用力与劳伦兹力大小相等方向相反而相互平衡，即

$$eE_H = ev_x B$$

霍尔电场强度的大小为

$$E_H = v_x B \qquad\qquad (10.1-2)$$

这一电场在 C、D 两点间建立的霍尔电势差 U_H 为

$$U_H = E_H b$$

或

$$U_H = v_x B b \qquad\qquad (10.1-3)$$

在电子浓度为 n 时，有

$$I = -nev_x bd$$

即

$$v_x = -\frac{I}{nebd}$$

将上式代入式 (10.1-3)，得到

$$U_H = -\frac{1}{ned} IB \qquad\qquad (10.1-4)$$

或

$$U_H = -\rho\mu \frac{IB}{d} \qquad\qquad (10.1-5)$$

式中　ρ——载流体的电阻率；

μ——载流子的迁移率。

对 N 型半导体材料，定义霍尔系数 R 为

$$R = -\frac{1}{ne}$$

可将式 (10.1-4) 写成

$$U_H = R \frac{IB}{d}$$

或 $$U_H = K_H IB \qquad (10.1-6)$$

式中 K_H 为霍尔灵敏度，它表示一个霍尔元件在单位控制电流和单位磁感应强度时产生的霍尔电势差的大小。在 N 型材料中

$$K_H = -\frac{1}{ned}$$

从上面的分析可以看到，霍尔电势差正比于电流强度和磁感应强度。在电流恒定时，霍尔电势差与磁场强度成正比例。磁场改变方向时，霍尔电势差也改变符号。因此，霍尔器件可以作为测量磁场的大小和方向的传感器，这个传感器的灵敏度与电子浓度 n 成反比。半导体材料中的 n 比金属小很多，所以灵敏度较高；金属的 n 很大，因此霍尔灵敏度很低。另外，霍尔器件的灵敏度与它的厚度 d 成反比，d 越小，灵敏度越高。

例如，在一个半导体材料中 $n=1\times10^{15}/cm^3$，$d=0.2mm$，在 $I=1mA$ 和 $B=10^{-1}T$ 时，有

$$U_H = -\frac{IB}{ned} = \frac{10^{-3}\times10^{-1}}{1\times10^{15}\times10^6\times1.6\times10^{-19}\times2\times10^{-4}}\times10^3 = -3.1(mV)$$

如在金属中 $n=10^{20}/cm^3$，而其他条件相同，则可根据同样方法算得霍尔电势为 $0.03\mu V$。

以上讨论中，仅考虑磁场方向与器件平面垂直，即磁感应强度 $\vec{B}$ 与器件平面法线 $\vec{n}$ 平行的情况。在一般情况下，磁感应强度 $\vec{B}$ 的方向和 $\vec{n}$ 有一个夹角 θ，这时式（10.1-6）应推广为

$$U_H = K_H IB\cos\theta \qquad (10.1-7)$$

另外，如果图 10.1-1 中的材料是 P 型半导体，导电的载流子是带正电的空穴，它的浓度用 p 表示。空穴带正电，在电场 E_x 作用下沿着电力线方向运动（与电子运动方向相反）。因为空穴的运动方向与电子相反，带的电荷也与电子相反，结果它在磁场劳伦兹力作用下偏转的方向与电子却相同。因此，积累电荷就有不同的符号，霍尔电势也有相反的符号。在 P 型材料的情况下，霍尔系数为正，即

$$R = \frac{1}{pe}$$

霍尔灵敏度也是正的，即

$$K_H = \frac{1}{ped}$$

因此，可以根据一种材料霍尔系数的符号判断它的导电类型。

在上面的分析中给出的霍尔电压表示式都是用控制电流来表示的。在集成霍尔传感器中，霍尔器件的电源常是一个电压源 V，此时可由关系 $I=V/R$ 和 $R=\rho L/bd$，得到

$$I = \frac{Vbd}{\rho L}$$

将上式代入式（10.1-5）就得到用电压表示的霍尔电压表示式，即

$$U_H = -\mu\left(\frac{b}{L}\right)VB \qquad (10.1-8)$$

霍尔电势 U_H 的大小除与电压 V 和磁感应强度 B 成正比外，还与材料的迁移率 μ 和器件的宽度成正比，与器件的长度成反比。

10.1.1.2 集成霍尔传感器

集成霍尔传感器是利用硅集成电路工艺来制造霍尔器件并与硅集成电路在一起的一种单片集成传感器。也可以认为，它是在制造硅集成电路的同时，在硅片上制造具有传感器功能的霍尔效应器件，因而使集成电路具有了对磁场敏感的特性。

集成霍尔传感器的输出是经过了处理的霍尔器件的输出信号。根据不同的使用要求，信号处理的方法也有不同，按照信号处理方法的不同，集成霍尔传感器可分为开关型集成霍尔传感器和线性集成霍尔传感器两种。开关型集成霍尔传感器是把霍尔器件的输出电压经过一定的阈值甄别处理和放大，而输出一个高电平或低电平的数字信号。它能与数字电路直接配接，因此在控制系统中有着广泛的应用。线性工作的集成霍尔传感器简称为线性集成霍尔传感器，它的输出应是与磁场强度成比例的（更确切地说，它的输出是与磁感应强度在器件平面的法向分量成比例的）。原则上讲，线性集成霍尔传感器相当于霍尔器件加上一个线性放大的集成电路。一般来讲，硅霍尔器件本身的输出电压与磁场的线性关系是很好的。它能以良好的线性工作到 1T 以上的磁场强度。因此，只要放大器有很好的线性，就能获得一个很好的线性集成霍尔传感器。但是实际上要获得高精度的器件，需要较好的温度补偿措施、电路设计和工艺技术。

10.1.2 霍尔传感器的应用

由于霍尔传感器有着在静止状态下感受磁场的独特能力。而且具有简单、小型、频率响应宽（从直流到微波）、动态范围大（输出电势的变化可达 1000∶1）、寿命长、无接触等优点，在测量技术、自动化技术和信息处理等方面有着广泛的应用。

归纳起来霍尔传感器有下列三方面的用途：

（1）当控制电流不变，使传感器处于非均匀磁场时，传感器的输出正比于磁感应强度即反映了位置、角度或激磁电流的变化。在这方面的应用有磁场测量，磁场中的微粒位移测量，三角函数发生器，同步传递装置，无整流子电机的装置测定器，转速表，无接触发信装置，测力、表面光洁度、加速度等。

（2）当控制电流与磁感应强度皆为变量时，传感器的输出与两者乘积成正比。在这方面的应用有乘法器，功率计以及除法、倒数、开方等运算器，此外，也可用于混频、调制、解调等环节中，但由于霍尔元件变换频率低，温度影响较显著等缺点，在这方面的应用受到一定限制，这有待于元件的材料、工艺等方面改进或电路上的补偿措施。

（3）若保持磁感应强度不变，则利用霍尔输出与控制电流的关系，可以组成回转器、隔离器和环行器等。

分离元件的霍尔传感器信号很弱，使用起来比较困难，影响了它的推广使用。集成化霍尔传感器中信号经过芯片上放大处理，不仅使用方便，而且使运用电路简化，因此很适于在工业生产上大量推广使用。下面仅介绍集成霍尔传感器的应用。

10.1.2.1 开关型集成霍尔传感器的应用

图 10.1-3 为开关型集成霍尔传感器的原理图。图 10.1-3（a）是内部原理结构图，输出形式有集电极开路输出和射极跟随器输出两种形式。图 10.1-3（b）是磁感应强度 B 与输出电平变化之间的关系。B_1 为导通磁感应强度，是输出状态由高电平（H）向低电平（L）翻转的磁感应强度；B_2 为截止磁感应强度，输出状态由低电平（L）向高电平

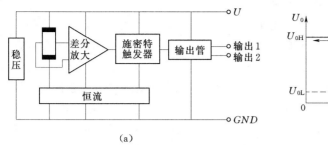
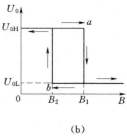

(a)   (b)

图 10.1-3 开关型集成霍尔传感器原理图

（H）翻转的磁感应强度。由图可以看出，磁感应强度滞环宽度为

$$\Delta B = B_1 - B_2$$

开关型集成霍尔传感器都能直接驱动小功率的灵敏继电器和小功率的显示元件。在驱动功率较大的继电器、发光二极管或其他较重的负载时，一般也只需接上一级简单的功率放大级，使用十分方便。图 10.1-4 (a) 为开集电极输出型开关集成霍尔传感器驱动发光二极管的电路；图 10.1-4 (b) 为射极跟随器输出型集成霍尔传感器驱动高电流的发光管的电路。数字式转速计也是利用开关集成霍尔传感器制成的，其优点是开关集成霍尔传感器和机械部件没有直接接触，传感器不存在机械损耗问题，因此寿命非常长。图 10.1-5 是测量

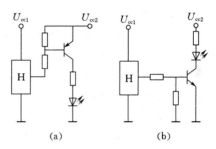

(a)   (b)

图 10.1-4 集成霍尔传感器的用法

（a）开集电极输出型驱动发光二极管；（b）射极
跟随器输出驱动高电流的发光管

装置的原理图。带有一圈永久磁铁的转轮转动时，通过霍尔传感器的磁场交替的变换方向，因而使开关集成霍尔传感器输出一系列脉冲信号。对这些脉冲信号进行计数或分频计数处理，就可以得出转轮的转速、转数和位置的数字化信息。因为开关集成霍尔传感器既可以对缓变磁场可靠的反应，也可对高速变化的磁场有很好的响应，因此它测量的转速范围实际上没有什么限制。

图 10.1-5 数字转速计

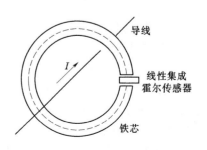

图 10.1-6 霍尔传感器测量电流原理图

10.1.2.2　线性集成霍尔传感器的应用

　　与分离的霍尔传感器相比，线性集成霍尔传感器的灵敏度更高，信号强度也更大，因此应用起来更加方便，但由于在集成霍尔传感器中霍尔器件的控制电流不能单独控制调节，因此它不能用于那些需要把控制电流也作为一个变量的应用中。下面介绍线性集成霍尔传感器在电流测量中的应用。由于通电导线周围存在着与电流成正比的磁场，因此，用霍尔传感器测量出导线周围的磁场就可以知道导线中的电流大小。用霍尔传感器测量电流时，常采用环形铁芯来集中磁力线，而传感器则放置在铁芯的间隙中，如图 10.1-6 所示。应用这一原理构成的电流测量仪器就是广泛使用的钳形表。在钳形表中用霍尔传感器作为传感器件时，被测电流的频率对测量结果影响不大（只要频率不太高），也可用以测量直流电的电流强度。

10.2　超 声 波 传 感 器

　　声波是一种发声物体的机械振动，引起周围弹性介质中质点的振动由近及远地传播的机械波。声波以人的听觉范围分，频率在 $20 \sim 20000 \mathrm{Hz}$ 为可闻声。频率超过 $20000 \mathrm{Hz}$ 的为超声波，超声波的频率可达 $10^{11} \mathrm{Hz}$。频率低于 $20 \mathrm{Hz}$ 的为次声波。

　　超声波传感器是靠超声波的特性进行自动检测的，它的输出量为电量。

10.2.1　超声波的产生与接收

10.2.1.1　超声波的产生

　　超声是由超声波发生器产生的。超声波发生器主要是电声型，它是将电磁能转换为机械能，其结构分为两部分。一是产生高频电流或电压的电源，另一部分是换能器，它将电磁振荡变换为机械振荡而产生超声波。换能器有两种类型，压电式和磁致伸缩式。

　　1. 压电式换能器

　　压电式换能器是利用压电晶体的电致伸缩效应（即逆压电效应），在压电材料切片上施加交变电压，使它产生电致伸缩振动而产生超声波。

　　压电材料的固有频率为

$$f_0 = \frac{n}{2d} \sqrt{\frac{E}{\rho}} \tag{10.2-1}$$

式中　n——谐波次数，$n=1$、2、3、$\cdots$；

　　　　d——压电晶片厚度；

　　　　E——压电材料弹性模量；

　　　　ρ——压电材料的密度。

　　根据共振原理，当外加交变频率等于晶片的固有频率时，产生共振，此时产生的超声波最强。压电式换能器可以产生几十千赫兹到几十兆赫兹的高频超声波。

　　2. 磁致伸缩换能器

　　磁致伸缩换能器是铁磁材料置于交变磁场中，使它产生机械振动，从而产生超声波的一种装置。它用厚度为 $0.1 \sim 0.4 \mathrm{mm}$ 的镍片叠加而制成的，片间绝缘以减少电涡流损失。其结构有矩形、窗形等。

铁磁材料的固有频率表达式与压电材料相同，即

$$f_0 = \frac{n}{2d} \sqrt{\frac{E}{\rho}}$$

式中，如果振动器是自由的，则 $n = 1、2、3、\cdots$，如果振动器的中间部分是固定的，则 $n = 1、3、5、\cdots$。

常用的铁磁材料以镍为最多，因为镍的磁致伸缩效应最大，其次是铁钴钒合金（铁 49%，钴 49%，钒 2%）和含锌、镍的铁氧体。

10.2.1.2 超声波的接收

超声波接收器一般是靠超声波发生器的逆效应进行的，压电式超声波接收器是利用正压电效应进行工作，当超声波作用到压电晶片上时，相当于施加一作用力，在晶片的相应界面上产生交变电荷，此电荷经放大器（电压或电荷放大器）转换成电压信号。超声波接收器的结构与发生器基本相同，有时就用同一个换能器兼作发生器和接收器两种用途。

磁致伸缩超声波接收器是利用磁致伸缩的逆效应（即压磁效应）而进行工作的，当超声波作用在压磁材料上时，产生压磁效应，引起它的内部磁场（导磁特性）变化，在其绕制的线圈中产生感应电势，电势的大小和频率与超声波的声强和频率有对应关系。磁致伸缩超声波接收器的结构与发生器基本相同。

10.2.2 超声波的传输特性

超声波在弹性介质中可产生两种形式的传播，即横向振荡和纵向振荡，如图 10.2 - 1 所示。

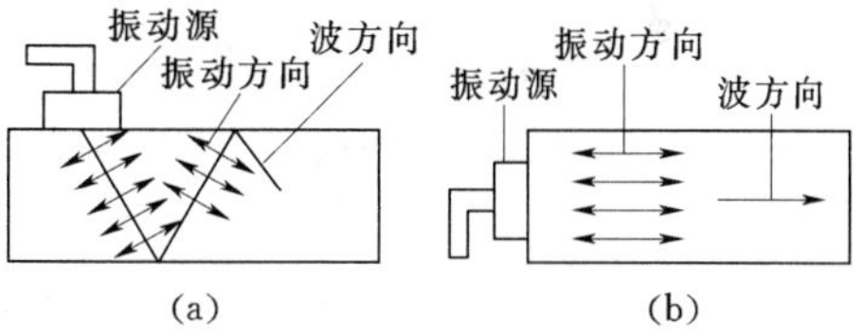

横向振荡只能在固体中产生。而纵向振荡

图 10.2 - 1 超声波的传播形式
(a) 横向振荡；(b) 纵向振荡

可在固体、液体和气体中产生，为了测量在各种状态下的物理量，多采用纵向振荡。

超声波的传播速度与介质的密度和弹性特性有关。对于液体及气体，其传播速度为

$$c = \sqrt{\frac{1}{\rho B_g}} \tag{10.2 - 2}$$

式中　ρ——介质密度；

　　　B_g——绝对压缩系数。

对于固体介质，其传播速度为

$$c = \sqrt{\frac{E}{\rho} \frac{1 - \mu}{(1 + \mu)(1 - 2\mu)}} \tag{10.2 - 3}$$

式中　E——固体的弹性模量；

　　　μ——固体材料的泊松系数。

超声波在通过两种不同介质时，也要产生折射和反射现象，见图 10.2 - 2。

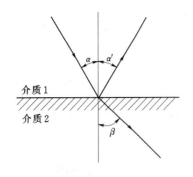

超声波产生折射和反射的关系为

$$\frac{\sin\alpha}{\sin\beta} = \frac{c_1}{c_2} \qquad (10.2-4)$$

式中　c_1、c_2——超声波在介质1和介质2中的速度；

　　　　α——入射角；

　　　　β——折射角。

当 $\alpha = \alpha_{临界}$ 时，$\beta = 90°$，则有

$$\sin\alpha_{临界} = \frac{c_1}{c_2} \qquad (10.2-5)$$

图 10.2-2　超声波的折射与反射

$\alpha_{临界}$ 为临界入射角，当 $\alpha > \alpha_{临界}$ 时，则产生全反射波。超声波由液体进入固体的临界角 $\alpha_{临界} \approx 15°$，则 $\alpha > 15°$ 时，产生全反射。

　　超声波在通过同种介质时，随着传播距离的增加，其强度因介质吸收能量而减弱。设进入介质时的声强为 I_0，通过介质后的声强为 I 且

$$I = I_0 e^{-Ad} \qquad (10.2-6)$$

式中　d——介质厚度；

　　　　A——介质对超声波的吸收系数。

　　可见，超声波在同种介质中传播是按指数衰减的，不同的介质，吸收系数 A 的大小不同。

　　介质对超声波的吸收程度与超声波频率、介质密度都有很大关系。气体的 ρ 很小，超声波在其中传播衰减很快，尤其 f 较高时则衰减很快，故超声波仪表主要用于固体和液体中。

10.2.3　超声波传感器的应用

　　高频超声波，由于它的波长短，不易产生绕射，碰到杂质或分界面就会有明显的反射，方向性好，能成为射线而定向传播，在液体、固体中衰减小，穿透性强，这些特性使超声波能成功地应用下列方面。

10.2.3.1　超声探伤

1. 穿透法探伤

穿透法探伤是根据超声波穿透工件后，能量变化的状况来判断工件内部质量的方法。穿透法用两个探头，置于工件两相对面，一个发射声波，一个接收声波。发射的超声波可以是连续波，也可以是脉冲波，其结构如图 10.2-3 所示。

　　在探测中，发射恒定的声波（幅值、频率均不变），当工件内无缺陷时，接收能量大，仪表指示值大。当工件内有缺陷和损伤时，因部分能量被反射，接收能量小，仪表指示值小，以此来判断工件缺陷的有无和大小。

2. 反射法探伤

图 10.2-4 所示是一以底波为依据的探伤方法。高频脉冲发生器产生的脉冲（发射波）加在探头上，激励压电晶体振动产生超声波，超声波以一定速度向工件内部传播，一

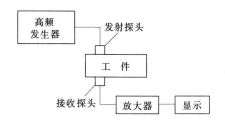

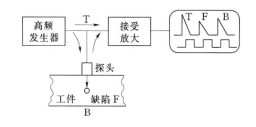

图 10.2-3 穿透法探伤结构图   图 10.2-4 反射法探伤结构图

部分超声波遇到缺陷时反射回来，另一部分超声波继续传至工件底面 B 后也反射回来，由缺陷及底面反射回来的超声波被探头接收时，又变为电脉冲。发射波 T、缺陷反射波 F 及底波 B 经放大后，在显示器的荧光屏上显示出来。荧光屏上的水平亮线为扫描线（时间基准线），其长度与时间成正比。由发射波、缺陷波及底波在扫描线上的位置，可求出缺陷位置；由缺陷波的幅度可判断缺陷大小；由缺陷波的形状可分析缺陷的性质。当缺陷面积大于声束截面时，声波由缺陷处全部反射回来。荧光屏上只有 T、F 波，而没有 B 波，当工件无缺陷时，荧光屏上只有 T、B 波，而没有 F 波。

超声探伤是属无损探伤，在铁路部门也可应用。对于钢轨、车轮等均可用以上两种方法进行检测。

10.2.3.2 超声测液位

超声测液位是利用回声原理工作的，如图 10.2-5 所示。超声探头向液面发射短促的超声脉冲，经过时间 t 后，探头接收到从液面反射回来的回音脉冲，因此探头到液面的距离 L 可由下式求得

$$L = \frac{1}{2} ct \qquad (10.2-7)$$

图 10.2-5 超声波测液位
原理示意图

式中 c——超声波在被测介质中的传播速度。

由此可知，只要知道超声波速度，就可以通过精确地测量时间 t 的方法来精确测量距离 L，即得液体界面位置。

声速 c 在不同的液体中其数值是不相同的，即使在同一种液体中，由于温度和压力不同，其值也不相同。由于液体中其他成分的存在及温度不均匀都会使 c 发生变化，引起测量误差。故在精密测量时，要考虑采取补偿措施。

10.2.3.3 超声波测厚度

在超声测厚技术中，应用较为广泛的是脉冲回波法。脉冲回波法测量工件厚度原理主要是测量超声波脉冲通过工件所需的时间间隔，然后根据超声波脉冲在工件中的传播速度求出工件的厚度。这里不再详细讨论。

10.3 光纤传感器

光导纤维（简称光纤）与激光、半导体光检测器一样是近年来才迅速发展起来的一门新兴的光学技术。光纤具有损耗低、频带宽、线径细、重量轻、可挠性好、抗电磁干扰

强、原料丰富、制造时耗能少以及节约能源等特点。目前，其性能日臻完善，价格不断降低，应用范围也在不断扩大。

利用光纤和某些敏感元件相结合，或利用光纤本身的特性，可以制作成各种传感器，用来检测压力、流量、位移、应变、振动、速度、温度、电压、电流、色彩、射线等物理参量。它与其他传感器相比具有许多独特的优点，特别适宜电磁干扰严重、空间狭小、易燃易爆等恶劣环境下使用，成为传感技术的后起之秀。

10.3.1　光纤传光原理及特性

10.3.1.1　光纤传光原理

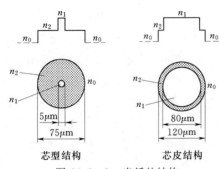

图 10.3-1　光纤的结构

光导纤维有芯型结构和芯皮结构两种，如图10.3-1所示。它的断面很像胡萝卜，中央有一个芯子，芯子的直径只有几十微米。芯的周围有一层包皮，整个纤维的外径为 $100\sim200\mu m$。芯子用高折射率的石英玻璃做成，包层是低折射率的玻璃或塑料做成。芯皮结构的光纤是先用包层材料做成空心毛细管，中间孔径很小，然后再用高压将折射率高的液体注入管中而制成。

由几何光学可知，光线从光密介质 n_1 进入光疏介质 n_2 时，它的传输方向将发生改变，见图10.3-2（a）。光线一部分折射到光疏介质中，一部分反射回光密介质。光折射和反射之间的关系为

$$\frac{\sin\theta_1}{\sin\theta_2} = \frac{n_2}{n_1} \tag{10.3-1}$$

当光线的入射角 θ_1 增大到某一角度 θ_c 时，进入光疏介质的折射光正好折向界面传输（$\theta_2=90°$），此时的入射角 θ_c 被称为临界角，即

$$\sin\theta_c = \frac{n_2}{n_1} \tag{10.3-2}$$

如果入射角 $\theta_1 > \theta_c$ 时，没有光线进入到光疏介质，也就是说光被全反射。这时，对光来说，两种介质的界面就起到了壁垒的作用。根据这个原理，光在光纤中传输如图10.3-2（b）所示，只要使射入光线与光纤端面光轴的夹角小于一定值，即光线的入射角 θ_r 小于临界角 θ_c 时，光线就在纤芯内产生全反射而向前传输。光线在纤芯经过若干次的全反射，光就能从光纤的一端以光速传输到另一端，这就是光纤传光的基本原理。

在图10.3-2（b）中，当射入光线与光纤端面的轴线成 θ_r 角时，在光纤内折射成 θ，然后以 φ 角入射至纤芯与包层的界面。若要在包层界面上发生全反射，则纤芯与界面的光线入射角 φ 应大于临界角 φ_c，即

$$\varphi \geqslant \varphi_c = \arcsin\frac{n_2}{n_1} \tag{10.3-3}$$

为满足光在光纤内的全内反射，光入射到光纤端面的临界入射角 θ_c 应满足下式

$$n_0\sin\theta_c = n_1\sin\theta \tag{10.3-4}$$

而　　　$n_1\sin\theta = n_1\sin\left(\frac{\pi}{2} - \varphi\right) = n_1\cos\varphi = n_1(1 - \sin^2\varphi)^{1/2} = (n_1^2 - n_2^2)^{1/2}$

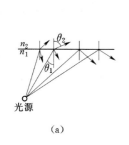 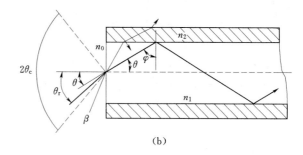

(a)   (b)

图 10.3 - 2   光在光纤中的传输

所以
$$n_0 \sin\theta_c = (n_1^2 - n_2^2)^{1/2} \qquad (10.3-5)$$

一般光纤所处环境为空气，则 $n_0 = 1$。如果在包层界面上产生全反射，则在光纤端面上的光线入射角为

$$\theta_r \leqslant \theta_c = \arcsin(n_1^2 - n_2^2)^{1/2} \qquad (10.3-6)$$

其意义是：无论光源发射功率有多大，只有入射光处于 $2\theta_c$ 的光锥内，光纤才能导光。如入射角过大，如图 10.3 - 2（b）中光线 β，经折射后不能满足式（10.3 - 6）的要求，光线便从包层逸出而产生漏光。定义光纤集光本领的术语叫数值孔径 NA，即

$$NA = \sin\theta_c = (n_1^2 - n_2^2)^{1/2} \qquad (10.3-7)$$

数值孔径反映纤芯接收光量的多少。所以 NA 是光纤的一个重要参数。

实际工作时需要光纤弯曲，但只要满足全反射条件，光线仍继续前进。可见这里的光线"转弯"实际上是由光的全反射所形成的。

10.3.1.2 光纤的分类与主要特性参数

1. 光纤的分类

根据光纤的纤芯折射率主要分为阶跃型和梯度型两大类。阶跃型光纤的纤芯折射率为常数，光线在光纤内全反射向前传输时呈现锯齿形轨迹。梯度型光纤的纤芯折射率不是常数，从中心轴线开始按抛物线递减，中心轴折射率最大，光线在纤芯内会连续不断地折射，自动地从折射率小的界面向中心会聚，因此，光线在光纤内全反射向前传输时类似正弦波形轨迹。

2. 光纤的主要特性参数

（1）数值孔径（NA）。数值孔径 NA 是表示光导纤维集光能力的一个参量，它越大表示光导纤维接收的光通量越多。这有利于耦合效率的提高。但数值孔径越大，光信号畸变也越严重，所以要适当选择。

（2）光纤模数。

1）单模光纤。单模光纤纤芯直径仅有几微米，接近波长。单模光纤通常是阶跃型光纤，原则上只能传送一种模数的光纤。这类光纤传输性能好、频带很宽，具有较好的线性度；但因纤芯小、难以制造和耦合。

2）多模光纤。多模光纤纤芯直径较大，传输模数很多的光纤，多数纤芯在几十微米以上，纤芯直径远大于光的波长。这类光纤性能较差，带宽较窄，但由于芯子的截面积大，容易制造，连接耦合比较方便，也得到了广泛应用。

117

应用于传感器中的光纤传输模数过多对信息的传输是不利的,因为同一种光信号采取很多模数传输就会使这一光信号分为不同时间到达接收端的多个小信号,从而导致合成信号的畸变,因此,希望光纤模数数量越少越好。

(3)传输损耗。由于光纤纤芯材料的吸收、散射、光纤弯曲处的辐射损耗等的影响,光信号在光纤中的传播不可避免地要有损耗,光纤的传输损耗 A 可用下式表示

$$A = \alpha l = 10 \lg \frac{I_0}{I} \qquad (10.3-8)$$

式中　l ——光纤长度;

　　　α ——光纤单位长度上的损耗;

　　　I_0 ——光纤入射端光强;

　　　I ——光纤输出端光强。

10.3.2　光纤传感器的类型

10.3.2.1　光纤位移传感器

图 10.3-3 所示为全反射式位移传感器,这是一种高灵敏度传感器,两支光纤的端面磨成如图中式样,端面倾角为 θ。光在端面全反射时,一部分光能量可达到端面外侧。假

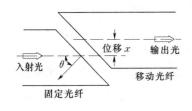

图 10.3-3　全反射式位移传感器

如把两支光纤的端面靠得非常近,渗出的光能几乎无损失地全部传入第二支光纤中。若两支光纤端面距离增加时,传入第二支光纤中的光能量(或光通量)便急剧减少。计算表明,若端面倾角 $\theta = 76°$,位移 $x = 0.15 \mu m$ 时,输出光强会减少 1/10。实际上,由于光纤端面的不完善等因素的影响,灵敏度还会下降些。

图 10.3-4 所示为两支光纤之间放活动闸门,以代替移动光纤的传感器。活动闸门的位移量可通过进入第二支光通量的大小来反映。为提高灵敏度,可用栅格方法,如图 10.3-4(b)所示,但这种结构因增加光纤端面间的距离,需要在光纤端面上组装光学透镜,以提高光的传输效率。

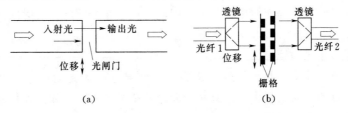

(a)　　　　　　　　　　　(b)

图 10.3-4　光闸门型光纤位移传感器

(a)光闸门型;(b)栅格移动型

图 10.3-5 所示是敏感型位移传感器的几种形式。图 10.3-5(a)表示位移改变了光纤的长度,光纤长度变化又引起光纤直径内应力的变化,由于这些因素的影响,光在光纤中通过时发生光相位的变化。利用另一支光纤来传输相位未发生变化的参考光,使相位发生变化的测量先与参考光相干涉,根据干涉后的输出光强就可测出位移的大小。

图 10.3-5(b)是位移引起光纤弯曲,增加传输损耗,使输出光强发生变化,同样

与光强未发生变化的参考光相比，也可测出位移的大小。

图 10.3-5（c）是利用螺旋形光纤，综合了图 10.3-5（a）和图 10.3-5（b）两种形式，使光强和相位均产生变化，由于前两种形式都需要较大的外力才能使光纤产生位移，故限制了使用，而图 10.3-5（c）形式不需要较大的外力就能使光纤产生位移和变形，并且具有很高的灵敏度。

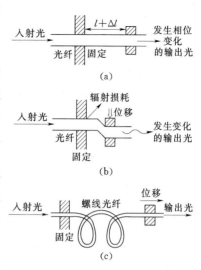

图 10.3-5　敏感型光纤位移传感器
(a) 利用光纤长度的变化；(b) 利用光纤弯曲损耗；(c) 利用光纤变形引起特性变化

光纤位移传感器可应用在防灾安全方面，例如在储藏石油和可燃性气体的容器装上数个光纤位移传感器后，当储存的容器出现异常现象（如裂痕、膨胀等）时，传感器就能把它检测出来，并进行报警或控制。

由于光纤位移传感器可以在狭小空间传播信号。能在一些恶劣环境下工作，故也适用于罐车、桥梁、水库、核反应堆等地方的位移测量。但在实际使用中，光纤位移传感器的稳定性还是一个问题，这是目前光纤传感器的弱点之一，提高稳定性是一个很关键的问题。

10.3.2.2　光纤压力、振动传感器

1. 敏感型光纤压力、振动传感器

敏感型光纤压力、振动传感器的工作原理是利用光纤受压力弯曲或变形，引起光纤传输特性发生变化的性质来检测压力的大小。光纤受压的两种形式如图 10.3-6 所示。

图 10.3-6（a）为光纤受均匀压力的形式。均匀受力的光纤其折射率、几何形状、尺寸等均会发生连续变化。光在光纤中传播时，根据光弹性效应，光的相位、极化面（偏振面）也将发生变化，利用这一特性可以测量作用压力大小。

图 10.3-6（b）是光纤受不均匀力的形式（一点或多点受力）的情况。光纤受不均匀的分点压力会使光纤的折射率发生不连续变化，因而增加了光纤的损耗。如果光纤处于直线状态，光纤的传输损耗最小。当光纤外加压力时，出现弯曲形状，则光纤的折射率分布、断面、光轴等均产生很大变化。因此光纤的传输损耗增大。这种形式可以成为有希望的实用化光纤压力传感器。

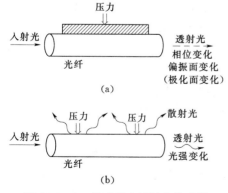

图 10.3-6　敏感型光纤压力传感器
(a) 加均匀压力；(b) 加不均匀压力

2. 传输型光纤压力、振动传感器

这种传感器是在光纤的一个端面上配置一个一般的压力敏感元件和振动敏感元件构成的，光纤本身只起着光的传导作用。

虽然传输型光纤压力、振动传感器要附加上压力—光或振动—光的转换器件（压力、振动引起光的反射率和透射率的变换方式），但这种传感器内不存在电信号，所以对于医用来说比较安

全。把传感器置入人体内，即使有微小的漏电也会带来危险，故使用这种光纤传感器是非常安全的。

液晶光纤压力传感器是在光纤的前端配置上一个盛液晶的容器，液晶受压时，通过光纤的入射光照射到液晶表面，使液晶的散射光的强度随所受压力的大小而发生变化，因此，可通过检测散射光的强度来反映作用力的大小。这种传感器可以用来测量血压等。但这种液晶光纤传感器的温度稳定性欠佳。

受压板位移型光纤压力传感器是利用承压板上光的反射特性做成的，入射光和输出光都用许多光纤组成的光纤来传输，光纤束的端面和承压板之间存在一个间隙。承压板受压时，间隙发生变化，从输入光纤上传输的入射光经承压板反射后进入输出光纤，到达终端的光强度随间隙的变化而变化。光强度的变化由在传输光纤端面上放置的光接收器来检测。这种类型的压力传感器的温度稳定性也较差。为了提高精度，通常附上一个自动温度校正器，可将测量误差控制在一个较小的数值范围内。

10.3.2.3 光纤传感器在温度测量的应用

光纤传感器可用来测量温度，一种方法是利用被测表面辐射能随温度变化而变化的特点，利用光纤把辐射能量传输到热敏元件上，经过转换，再变成可供记录和显示的电信号。如目前液体炸药爆炸温度的测量，采用比色测温法，就是用光导纤来传输爆炸辐射能量的。用该方法的独特之处是可以远距离测量。另一种方法是利用光在光导纤维中传输的相位随温度参数改变而改变的特点。光信号的相位随温度的变化是由于光纤材料的尺寸和折射率都随温度的改变而引起的，只要使用适当的仪器检出光纤中光信号相位的变化就可测定温度。光纤测温计是一种极灵敏的仪器，若参考光路平稳的话，则可测出几分之一摄氏温度的变化。

习　题

1. 叙述霍尔效应，在哪些材料中能够产生霍尔效应，制作霍尔元件应采用什么材料？

2. 霍尔电势与哪些因素有关？霍尔片不等位电势是如何产生的？减小不等位电势可以采用哪些方法？

3. 画出霍尔元件串联、并联电路连接的形式，并说明注意事项。

4. 为什么霍尔元件要进行温度补偿？主要有哪些补偿方法？补偿的原理是什么？

5. 常用超声波换能器有哪些？高频超声波用哪一种？为什么？

6. 超声波在介质中传播的形式有哪些？具有哪些特性？

7. 利用超声波进行厚度检测的基本方法是什么？

8. 在脉冲回波测厚时，利用何种方法测量时间间隔 t 能有利于自动测量？若已知超声波在工作中的声速为 $5640m/s$，测得时间间隔 t 为 $22\mu s$，试求出工件厚度。

9. 简要叙述光纤传光原理及特性。

10. 请简要叙述光纤传感器的类型及工作原理。

11. 画出一种光纤传感器测量温度的原理图，简要叙述其工作原理。

第11章 测 量 电 桥

测量电桥是测量电路中应用最广泛的电路。它属于比较法中的平衡原理，对微小信号有较高的灵敏度，有利于获得准确的测量结果。根据供桥电源的不同分为直流电桥和交流电桥两种，其多种多样的形式都是由经典惠顿登电桥演变而来的。

当传感器的转换元件为电参数（R、L、C 等），可将其接入电桥的桥臂中构成单臂桥、半桥和全桥测量电路。

11.1 直 流 电 桥

由直流电源供电的电桥为直流电桥，常用于测量电阻、电阻率等参数变化。如图 11.1-1 所示电路中 E 为供桥直流电源，R_1、R_2、R_3 和 R_4 分别为四个桥臂的电阻。根据电路理论可得到流过负载 R_L 的电流 I_o 和负载上的电压 U_o 分别为

$$I_o = \frac{R_1 R_3 - R_2 R_4}{R_L(R_1 + R_2)(R_3 + R_4) + R_1 R_2(R_3 + R_4) + R_3 R_4(R_1 + R_2)} E \quad (11.1-1)$$

$$U_o = I_o R_L = \frac{R_1 R_3 - R_2 R_4}{(R_1 + R_2)(R_3 + R_4) + \frac{1}{R_L}[R_1 R_2(R_3 + R_4) + R_3 R_4(R_1 + R_2)]}$$

$$(11.1-2)$$

由式（11.1-1）和式（11.1-2）可知，当电桥各桥臂电阻满足如下条件时

$$R_1 R_3 = R_2 R_4 \quad \text{或} \quad \frac{R_1}{R_2} = \frac{R_4}{R_3} \quad (11.1-3)$$

电桥输出电流 $I_o = 0$，电压 $U_o = 0$，称电桥处于平衡状态。

若电桥的负载电阻为无穷大（$R_L = \infty$），可由式（11.1-2）得到电桥开路输出电压 U_o 为

$$U_o = \frac{R_1 R_3 - R_2 R_4}{(R_1 + R_2)(R_3 + R_4)} E \quad (11.1-4)$$

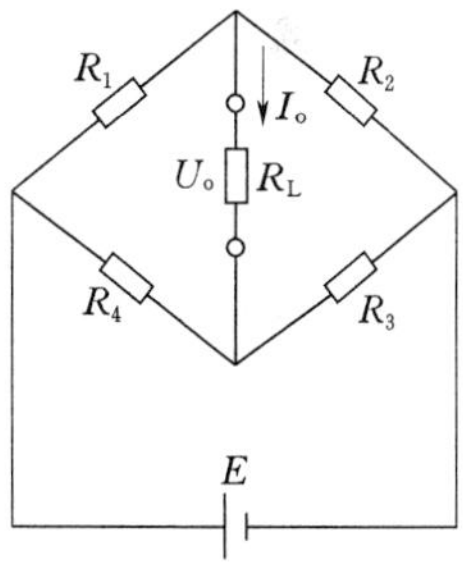

图 11.1-1 直流电桥

设各桥臂的电阻增量分别为 ΔR_1、ΔR_2、ΔR_3 和 ΔR_4，代入式（11.1-4），可得到

$$U_o + \Delta U_o = \frac{(R_1 + \Delta R_1)(R_3 + \Delta R_3) - (R_2 + \Delta R_2)(R_4 + \Delta R_4)}{(R_1 + \Delta R_1 + R_2 + \Delta R_2)(R_3 + \Delta R_3 + R_4 + \Delta R_4)} E \quad (11.1-5)$$

将式（11.1-5）中的多项式乘积展开，并考虑到 $R_i \gg \Delta R_i$，把分母中的 ΔR_i 及分子中的无穷小项 $\Delta R_i \Delta R_i$ 忽略不计，并在测量前使电桥平衡 $U_o = 0$，即 $R_1 R_3 = R_2 R_4$。所以电桥在非平衡下的开路输出电压为

$$\Delta U_o = \frac{R_1 R_2}{(R_1 + R_2)^2}\left(\frac{\Delta R_1}{R_1} - \frac{\Delta R_2}{R_2} + \frac{\Delta R_3}{R_3} - \frac{\Delta R_4}{R_4}\right)E \qquad (11.1-6)$$

实际电桥的输出电压精确公式为

$$\Delta U_o = \frac{R_1 R_2}{(R_1 + R_2)^2}\left(\frac{\Delta R_1}{R_1} - \frac{\Delta R_2}{R_2} + \frac{\Delta R_3}{R_3} - \frac{\Delta R_4}{R_4}\right)E(1 - \eta) \qquad (11.1-7)$$

$$\eta = \frac{1}{1 + \dfrac{R_1/R_1 + 1}{\Delta R_2/R_1 + \Delta R_4/R_4 + R_2/R_1(\Delta R_2/R_2 + \Delta R_3/R_3)}} \qquad (11.1-8)$$

式中 η——二阶非线性项。

在实际应用中，为了容易得到测量前的"电桥平衡"及"非平衡"情况下简练、易分析的电压输出表达式，通常将各桥臂的电阻值匹配成下列三种情况：

（1）当 $R_1 = R_2 = R$，$R_3 = R_4 = R'$ 时，称为输出对称的电桥，又称卧式桥。式（11.1-6）改写为

$$\Delta U_o = \frac{E}{4}\left(\frac{\Delta R_1}{R_1} - \frac{\Delta R_2}{R_2} + \frac{\Delta R_3}{R_3} - \frac{\Delta R_4}{R_4}\right) \qquad (11.1-9)$$

（2）当 $R_1 = R_4 = R$，$R_2 = R_3 = R'$ 时，称为输入对称的电桥，又称立式桥。式（11.1-6）又可改写为

$$\Delta U_o = \frac{\alpha E}{(\alpha + 1)^2}\left(\frac{\Delta R_1}{R_1} - \frac{\Delta R_2}{R_2} + \frac{\Delta R_3}{R_3} - \frac{\Delta R_4}{R_4}\right) \qquad (11.1-10)$$

$$\alpha = \frac{R_2}{R_1} = \frac{R_3}{R_4} = \frac{R'}{R}$$

（3）当 $R_1 = R_2 = R_3 = R_4 = R$ 时，称为等臂桥，或称全等桥。式（11.1-6）写为

$$\Delta U_o = \frac{E}{4R}(\Delta R_1 - \Delta R_2 + \Delta R_3 - \Delta R_4) \qquad (11.1-11)$$

下面讨论参数传感器被接入电桥中的工作情况。

11.1.1 常用的几种电桥电路分析

11.1.1.1 单臂桥测量电路（惠斯顿电桥）

电桥中任一桥臂（假设 R_1）为传感器的转换元件（如电阻应变片），其他桥臂为固定电阻。当测量时，转换元件电阻值发生变化，增量为 ΔR_1（图 11.1-2），各固定电阻增量 $\Delta R_2 = \Delta R_3 = \Delta R_4 = 0$。由式（11.1-9）~式（11.1-11）都可得到

$$\Delta U_o = \frac{E}{4}\frac{\Delta R_1}{R_1} = \frac{E}{4}\varepsilon \qquad (11.1-12)$$

$$\varepsilon = \frac{\Delta R_1}{R_1}$$

式中 ε——电阻应变片的应变值。

单臂桥的灵敏度为

$$K_{单} = \frac{\Delta U_o}{\Delta R_1} = \frac{E}{4R_1} \quad 或 \quad K_{单} = \frac{\Delta U_o}{\varepsilon} = \frac{E}{4} \qquad (11.1-13)$$

线性度根据式（11.1-7）、式（11.1-8）可得

$$e_f = \frac{\Delta R_1}{R_1 + R_2} \times 100\% \qquad (11.1-14)$$

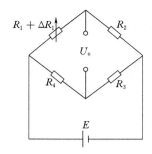

图 11.1-2 单臂电桥 (惠斯顿电桥)

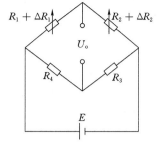

图 11.1-3 卧式电桥

11.1.1.2 半桥测量电路 (差动桥)

将传感器的两个转换元件分别接入相邻的两个桥臂中 (假设 R_1 和 R_2),另外两个桥臂为固定电阻,构成卧式桥或立式桥。图 11.1-3 所示卧式桥可得

$$\Delta U_\text{o} = \frac{E}{4}\left(\frac{\Delta R_1}{R_1} - \frac{\Delta R_2}{R_2}\right) \tag{11.1-15}$$

对于卧式桥,通常取 $R_1 = R_2 = R$,$R_3 = R_4 = R'$,若传感器的两转换元件各项性能参数一致,则

$$\Delta U_\text{o} = \frac{E}{4R}(\Delta R_1 - \Delta R_2) \tag{11.1-16}$$

从式 (11.1-16) 看出,要想得到足够大的输出电压,其参数增量应保证 $\Delta R_1 = -\Delta R_2 = \Delta R$,即在相同的非电量作用下,一个转换元件的增量为正,另一个转换元件的增量为负。图 11.1-3 中的两个电阻应变片,一个受拉产生正增量,一个受压产生负增量,称为差动。

卧式差动桥输出电压 $\quad\quad\quad \Delta U_\text{o} = \dfrac{E}{2R}\Delta R \tag{11.1-17}$

卧式差动桥灵敏度 $\quad K_\text{半} = \dfrac{\Delta U_\text{o}}{\Delta R} = \dfrac{E}{2R}$ 或 $K_\text{半} = \dfrac{\Delta U_\text{o}}{\varepsilon} = \dfrac{E}{2} \tag{11.1-18}$

线性度由式 (11.1-7)、式 (11.1-8) 可得

$$e_\text{f} = 0 \tag{11.1-19}$$

立式差动桥 (假设 R_1 和 R_4 为转换元件) 的输出电压、灵敏度和线性度请读者自行推导。

11.1.1.3 全桥测量电路

电桥的四个桥臂都接入了转换元件,当测量时四个桥臂的电阻均随被测量变化,如图 11.1-4 所示。全桥可按式 (11.1-6) 写出开路输出电压为

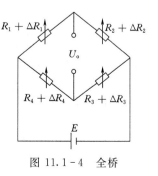

图 11.1-4 全桥

$$\Delta U_\text{o} = \frac{R_1 R_2}{(R_1 + R_2)^2}\left(\frac{\Delta R_1}{R_1} - \frac{\Delta R_2}{R_2} + \frac{\Delta R_3}{R_3} - \frac{\Delta R_4}{R_4}\right)E$$

$$\tag{11.1-20}$$

如果四个桥臂的转换元件性能参数完全一致（即匹配成等臂桥），$R_1 = R_2 = R_3 = R_4 = R$，上式可简化为

$$\Delta U_o = \frac{E}{4R}(\Delta R_1 - \Delta R_2 + \Delta R_3 - \Delta R_4) \tag{11.1-21}$$

为了让电桥有高灵敏度，设两两相邻桥臂是差动关系，且 $\Delta R_1 = -\Delta R_2 = \Delta R_3 = -\Delta R_4 = \Delta R$，可得等臂差动全桥的输出电压

$$\Delta U_o = \frac{E}{R}\Delta R \tag{11.1-22}$$

全桥灵敏度 $$K_全 = \frac{E}{R} \quad 或 \quad K_全 = \frac{\Delta U_o}{\varepsilon} = E \tag{11.1-23}$$

线性度 $$e_f = 0 \tag{11.1-24}$$

通过对电桥电路的分析，可知：

（1）上述分析所得到的结论均是负载电阻为无穷大（即 $R_L = \infty$）情况下推导出来的。如果电桥输出端接内阻等于零的检流计（即 $R_L = 0$），则根据式（11.1-1）可知电桥输出电流为

$$I_o = \frac{(R_1 R_3 - R_2 R_4)}{R_1 R_2 (R_3 + R_4) + R_3 R_4 (R_1 + R_2)}E \tag{11.1-25}$$

考虑测量前"电桥平衡"，有 $R_1 R_3 = R_2 R_4$，且测量时各桥臂的电阻增量 ΔR_1、ΔR_2、ΔR_3 和 ΔR_4，代入式（11.1-25），并略去高阶无穷小项，可得测量时的电流输出

$$\Delta I_o = \frac{E}{R_1 + R_2 + R_3 + R_4}\left(\frac{\Delta R_1}{R_1} - \frac{\Delta R_2}{R_2} + \frac{\Delta R_3}{R_3} - \frac{\Delta R_4}{R_4}\right) \tag{11.1-26}$$

输出是电流形式的电桥称为电流桥，输出是电压形式的电桥称为电压桥。从式（11.1-6）和式（11.1-26）可知，电桥的开路输出电压和短路输出电流有相似的灵敏度和线性度表达式。当有一定的负载电阻时，由式（11.1-1）和式（11.1-2）可知，电压桥中 R_L 越小，灵敏度降低，非线性增大；电流桥中则相反。

（2）全桥的灵敏度比半桥高，半桥的灵敏度比单臂桥高，它们的关系为

$$K_全 = 2K_半 = 4K_单$$

（3）差动半桥和全桥的线性最好，且灵敏度高（不考虑 R_L 的影响）。半桥和全桥构成差动的原则是两相邻桥臂产生相反的等量变化。如果不能构成差动桥，要想增加灵敏度，通常采用图 11.1-5 所示并联式和串联式单臂桥线路。此方法在半桥和全桥中同样适用。

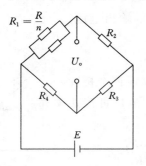 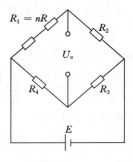

图 11.1-5　并联式和串联式单臂桥

（4）差动桥能够自动补偿某些外界干扰对输出的影响。这是利用电桥相邻又相等的两桥臂同时产生大小相等、符号相反的电阻增量，不会破坏电桥平衡的特性来达到补偿目的。

例如，图 11.1-3 所示，卧式半桥中 R_1 和 R_2 在受温度影响时产生的电阻增量分别为 ΔR_{1t} 和 ΔR_{2t}，由被测量引起的电阻增量分别为 ΔR_1 和 ΔR_2，则总增量分别为

$$\Delta_1 = \Delta R_1 + \Delta R_{1t}, \quad \Delta_2 = \Delta R_2 + \Delta R_{2t}$$

代入式（11.1-16），可写成

$$\Delta U_o = \frac{E}{4R}(\Delta_1 - \Delta_2) = \frac{E}{4R}(\Delta R_1 + \Delta R_{1t} - \Delta R_2 - \Delta R_{1t}) \tag{11.1-27}$$

由于性能参数一致的 R_1 和 R_2 受相同温度影响，即 $\Delta R_{1t} = \Delta R_{2t}$；并且它们是差动工作，$\Delta R_1 = -\Delta R_2 = \Delta R$ 则有

$$\Delta U_o = \frac{E}{2R}\Delta R \tag{11.1-28}$$

结果与式（11.1-17）一样，既提高了灵敏度，又得到了温度的补偿。

如果不能构成差动电桥，也可让相邻桥臂接入性能参数完全一致的转换元件，它不参加测量工作，但它既作为固定桥臂又作为补偿元件，与参加测量的转换元件一起，感受外界的干扰。图 11.1-6 所示感光电路，光敏三极管 VT_1 和 VT_2 型号相同，VT_1 是测光元件，VT_2 不受被测光的照射，但 VT_1 和 VT_2 同时受环境（如环境光变化、温度等）的影响。根据差动电桥的补偿原理，由于 VT_2 的补偿作用，输出电压只与被测光相关。

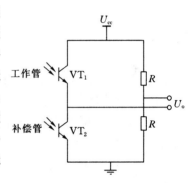

图 11.1-6　感光电路

（5）在两个相对的桥臂中接入转换元件的测量电路，因为不能产生互相补偿的作用，并且非线性明显增大，所以不被采用。

（6）要得到精确的测量结果，供桥直流电源 E 必须稳定。设电源的波动值为 ΔE，应保证 $\Delta E \ll E$。

11.1.2　电桥的零位调整

在电桥电路的分析中，都用到了在测量前"电桥平衡"的条件（即 $R_1 R_3 = R_2 R_4$）。条件不成立的话，必然引起测量误差。直流电桥的调零一般有两种方法：串联法和并联法。

11.1.2.1　串联法

如图 11.1-7（a）所示。在电阻 R_1 与 R_2 之间接入可变电阻 R_P，其电阻可用下式计算得到

$$(R_p)_{max} = |\Delta r_1| + \left|\Delta r_3 \frac{R_1}{R_3}\right| \tag{11.1-29}$$

式中　Δr_1——电阻 R_1 与 R_2 的偏差；

$\quad\quad \Delta r_3$——电阻 R_3 与 R_4 的偏差。

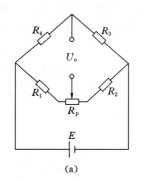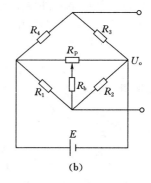

$$(a) \qquad\qquad (b)$$

图 11.1-7　电阻调零方法

11.1.2.2　并联法

如图 11.1-7（b）所示。调零能力取决于 R_b，R_b 小一些时，调零能力就大一些，但太小时会给测量带来较大的误差，在保证测量精度的前提下，应选得小一些。R_b 可按下式计算

$$(R_b)_{\max} = \frac{1}{\left|\dfrac{\Delta r_1}{R_1}\right| + \left|\dfrac{\Delta r_3}{R_3}\right|} \qquad (11.1-30)$$

R_p 的大小可采用与 R_b 相同的数值。

如果在保证测量精度的前提下，匹配各桥臂的电阻值近似满足平衡条件（即 $R_1R_3 = R_2R_4$），可以不加调零电路。只需在测量前，标定出电桥的零位输出，并记录下来，利用第 1 章中所述线性化方法，就可以得到满意的结果。对于有微处理器的检测装置来说，是一件非常容易处理的事情，可以先存储零位输出 U_o，从测量结果 U 中减去 U_o，就可以得到输出电压变化值 ΔU_o。

11.2　交　流　电　桥

交流电桥是电参数传感器的主要测量电路，其作用是将转换元件电参数（R、L、C、μ、ε 等）的变化转换为电桥的电压或电流输出。常用的交流电桥有阻抗电桥、变压器电桥、紧耦合电桥等。

11.2.1　阻抗电桥

在图 11.2-1 所示交流电桥中，四个桥臂可以是电阻或阻抗元件。其输出电压表达式为

$$\dot{U}_o = \frac{(Z_1 Z_3 - Z_2 Z_4)\dot{E}}{(Z_1 + Z_2)(Z_3 + Z_4) + (Z_1 Z_2 Z_3 + Z_1 Z_2 Z_4 + Z_1 Z_3 Z_4 + Z_2 Z_3 Z_4)\dfrac{1}{Z_L}}$$

$$(11.2-1)$$

在测量前，电桥输出电压为零（$\dot{U}_o = 0$），可得电桥的平衡条件：$Z_1 Z_3 = Z_2 Z_4$。正弦

交流电压供桥情况下，各桥臂阻抗用复数表示为

$$Z_i = R_i + jX_i = |Z_i| e^{j\theta_i}$$

则平衡条件分为幅值和相角两部分，写作

$$|Z_1||Z_3| = |Z_2||Z_4|$$

$$\theta_1 + \theta_3 = \theta_2 + \theta_4 \qquad (11.2-2)$$

在测量时，设各桥臂阻抗的变化量分别为 ΔZ_1、ΔZ_2、ΔZ_3、ΔZ_4，并且 $Z_L = \infty$，由式（11.2-1）得到电桥的开路输出电压为

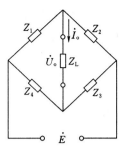

图 11.2-1 交流电桥

$$\dot{U}_o = \frac{(Z_1 + \Delta Z_1)(Z_3 + \Delta Z_3) - (Z_2 + \Delta Z_2)(Z_4 + \Delta Z_4)}{(Z_1 + \Delta Z_1 + Z_2 + \Delta Z_2)(Z_3 + \Delta Z_3 + Z_4 + \Delta Z_4)}\dot{E}$$

考虑到平衡条件 $Z_1 Z_3 = Z_2 Z_4$，且 $Z_i \gg \Delta Z_i$，展开上式后忽略分母中的 $(\Delta Z_1 + \Delta Z_2)$、$(\Delta Z_3 + \Delta Z_4)$ 及分子中 $\Delta Z_1 \Delta Z_2$、$\Delta Z_3 \Delta Z_4$ 项，有

$$\dot{U}_o = \frac{Z_1 Z_3}{(Z_1 + Z_2)(Z_3 + Z_4)}\left(\frac{\Delta Z_1}{Z_1} - \frac{\Delta Z_2}{Z_2} + \frac{\Delta Z_3}{Z_3} - \frac{\Delta Z_4}{Z_4}\right)\dot{E}(1-\eta) = \frac{m}{(1+m)^2}\varepsilon_Z \dot{E}(1-\eta)$$

$$(11.2-3)$$

其中　二阶非线性项　$\eta = 1 - \dfrac{1}{1 + \dfrac{\Delta Z_1 + \Delta Z_2}{Z_1 + Z_2} + \dfrac{\Delta Z_3 + \Delta Z_4}{Z_3 + Z_4}} \qquad (11.2-4)$

式中　ε_Z——桥臂的相对变化，$\varepsilon_Z = \dfrac{\Delta Z_1}{Z_1} - \dfrac{\Delta Z_2}{Z_2} + \dfrac{\Delta Z_3}{Z_3} - \dfrac{\Delta Z_4}{Z_4}$；

　　　　m——电桥阻抗比，$m = \dfrac{Z_2}{Z_1} = \dfrac{Z_3}{Z_4}$。

11.2.1.1　单臂电阻平衡电桥

设工作桥臂为 Z_1，测量时增量为 ΔZ_1，其他桥臂为固定值，增量 $\Delta Z_2 = \Delta Z_3 = \Delta Z_4 = 0$。忽略非线性项后，由式（11.2-3）可得

$$\dot{U}_o = \frac{m}{(1+m)^2}\frac{\Delta Z_1}{Z_1}\dot{E} = \frac{m}{(1+m)^2}\varepsilon_{Z_1}\dot{E} \qquad (11.2-5)$$

式中 ε_{Z_1} 说明了传感器感受被测量的能力。相同被测量下，ε_{Z_1} 越大，说明传感器转换能力越强，$\dot{U}_o$ 也越大。m 可影响电桥的灵敏度，m 过大会使电桥灵敏度降低。但由于 ε_{Z_1} 和 m 都是复数，也要考虑相角对 $\dot{U}_o$ 的影响。

（1）$\dot{U}_o$ 与 ε_{Z_1} 的关系表明了工作臂本身对输出的影响。

由于 $\dot{U}_o$ 正比于 ε_{Z_1}，用复数表示 ε_{Z_1} 为

$$\varepsilon_{Z_1} = \frac{\Delta R_1 + j\Delta X_1}{R_1 + jX_1} = \frac{|\Delta Z_1|}{|Z_1|}e^{j(\Delta\theta_1 - \theta_1)}$$

从上式可看出，如果被测量变化产生的增量仅为 ΔR_1（即 $\Delta\theta_1 = 0$），则工作桥臂为纯电阻情况，$\dot{U}_o$ 可以达到最大值；如果被测量变化产生的增量仅为 $j\Delta X_1$（即 $\Delta\theta_1 = \pm\pi/2$），则工作桥臂为电抗情况，$\dot{U}_o$ 可以达到最大值。即传感器的阻抗是纯电阻（电阻式传感器）或纯电抗（电感式传感器和电容式传感器），工作桥臂也应是纯电阻或纯电抗。

除纯电阻和纯电抗两种极限情况之外，要想获得较大的 $\dot{U}_{\circ}$，则必须满足 $\Delta\theta_1 - \theta_1 = 0$，即让工作桥臂的阻抗相角等于接入此桥臂的传感器阻抗相角。

（2）$\dot{U}_{\circ}$ 与 m 的关系表明了工作桥臂与相邻桥臂之间的关联关系对输出的影响。

由式（11.2-5）可知，要使输出电压 $\dot{U}_{\circ}$ 为最大，另一个要求是使 $k = m/(1+m)^2$ 有极大值，而

$$m = \frac{Z_2}{Z_1} = \frac{|Z_2|}{|Z_1|} \mathrm{e}^{\mathrm{j}(\theta_2 - \theta_1)} = \frac{|Z_2|}{|Z_1|}(\cos\theta + \mathrm{j}\sin\theta)$$

式中 θ——Z_2 支路与 Z_1 支路的阻抗相角差，$\theta = \theta_2 - \theta_1$。

由此可得

$$k = \frac{m}{(1+m)^2} = \frac{\dfrac{|Z_2|}{|Z_1|}(\cos\theta + \mathrm{j}\sin\theta)}{\left(1 + \dfrac{|Z_2|}{|Z_1|}(\cos\theta + \mathrm{j}\sin\theta)\right)^2}$$

$$|k| = \frac{\dfrac{|Z_2|}{|Z_1|}}{1 + 2\dfrac{|Z_2|}{|Z_1|}\cos\theta + \left(\dfrac{|Z_2|}{|Z_1|}\right)^2} \tag{11.2-6}$$

由于 $\theta = \theta_2 - \theta_1$ 只可能在 $-\pi/2$ 到 $\pi/2$ 之间，所以式（11.2-6）中 $\cos\theta \geqslant 0$。要想使 $|k|$ 取得最大值，只有 $\cos\theta = 0$，即 $\theta = \pm\pi/2$。如果工作桥臂 Z_1 是纯电抗，则桥臂 Z_2 应是纯电阻，又因为 $m = Z_2/Z_1$（或 $m = Z_3/Z_4$），匹配成对称桥就有 $Z_3 = Z_2$ 是纯电阻，$Z_4 = Z_1$ 是纯电抗。由电路理论可知，对称电桥输入 $\dot{E}$ 的端点和输出 $\dot{U}_{\circ}$ 的端点可以互换，不影响电桥的输入—输出关系。所以，也可得到 $Z_1 = Z_2$ 是纯感抗，$Z_3 = Z_4$ 是纯电阻的匹配关系，见图 11.2-2（a）。

当工作桥臂 Z_1 为电抗（$\theta_1 = \pm\pi/2$），而相邻两臂 Z_3 和 Z_4 为纯电阻时，由电桥平衡条件式（11.2-2）可知 $\theta_3 = \theta_1$，所以桥臂 Z_3 必须是与 Z_1 相角相反的纯电抗，见图 11.2-2（b）。

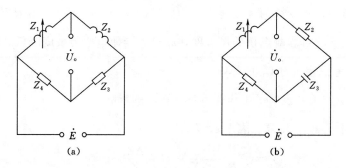

图 11.2-2　工作桥臂为纯电感的单臂桥
(a) Z_3、Z_4 为纯电阻；(b) Z_2、Z_4 为纯电阻

实际应用中，电感线圈有等效电阻，电容器有损耗电阻，连接线有等效电感和耦合电容等，使得电桥的四个桥臂不可能是纯电阻或纯电抗。只要工作桥臂与一个相邻桥臂的阻抗相角越大，交流电桥的灵敏度就越大。

灵敏度
$$K_单 = \frac{m}{(1+m)^2}\dot{E}$$

非线性由式（11.2-4）可得

$$e_{f单} = \eta \times 100\% = \left[1 - \frac{1}{1+\dfrac{\Delta Z_1}{Z_1+Z_2}}\right] \times 100\%$$

$$= \left[1 - \left(1 - \frac{\Delta Z_1}{Z_1+Z_2} + \left(\frac{\Delta Z_1}{Z_1+Z_2}\right)^2 - \cdots\right)\right] \times 100\%$$

$$\approx \frac{\Delta Z_1}{Z_1+Z_2} \times 100\%$$

11.2.1.2 差动桥

设 Z_1 和 Z_2 在测量时产生的增量分别为 ΔZ_1 和 ΔZ_2，差动工作状态下，$\Delta Z_1 = -\Delta Z_2 = \Delta Z$，由式（11.2-3），且忽略非线性项得到

$$\dot{U}_o = \frac{m}{(1+m)^2}\left(\frac{\Delta Z_1}{Z_1} - \frac{\Delta Z_2}{Z_2}\right)\dot{E} = \frac{2m}{(1+m)^2}\frac{\Delta Z}{Z}\dot{E} = \frac{2m\dot{E}}{(1+m)^2}\varepsilon_Z \quad (11.2-7)$$

灵敏度
$$K_半 = \frac{2m\dot{E}}{(1+m)^2}$$

非线性由式（11.2-4）可得

$$e_{f半} \approx 0$$

交流电桥中的单臂桥、差动桥和全桥，依然可以按照直流电桥的推导方法得出如下结论：

灵敏度
$$K_全 = 2K_半 = 4K_单$$

非线性
$$e_{f全} < e_{f半} < e_{f单}$$

由于交流桥的平衡条件可分为幅值条件和相角条件，见式（11.2-2），所以在匹配各桥臂时，不仅要满足幅值条件，更重要的是注意相角条件。如半桥电路中，两个桥臂用固定电阻，则另两个桥臂（工作桥臂）的阻抗应一致。

11.2.1.3 交流电桥的平衡

图 11.2-3 所示是几种常用的电阻、电容调平衡的电路形式。交流电桥要满足幅值和相角两个平衡条件，必须反复调节两个桥臂或全部桥臂的参数，才能使电桥完全达到平衡。如图 11.2-3（a）是通过调整 R_w 来改变 R_1 和 R_2 上的并联容抗值，使它与 L_1 和 L_2 相平衡。平衡范围与 C_0 有关，C_0 越大，平衡范围越大。

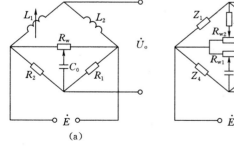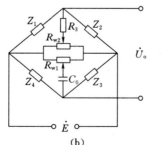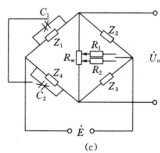

图 11.2-3 电阻、电容调平衡的电路

11.2.2　变压器电桥

常用的变压器电桥有单边电压变压器电桥、单边电流变压器电桥和双边变压器电桥，如图 11.2-4 所示。变压器电桥与普通交流电桥的主要区别是前者的供桥电源不是直接提供给电桥的，而是通过变压器耦合的方式。其优点是供桥电源和测量、放大电路的电源相互独立，增强了抗干扰能力，又可以通过提高电源 $\dot{E}$ 的方式，增加电桥的灵敏度，是电感传感器常用的测量电路。

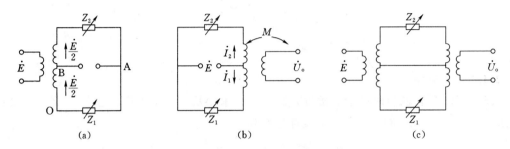

图 11.2-4　常见变压器电桥
(a) 单边电压变压器电桥；(b) 单边电流变压器电桥；(c) 双边变压器电桥

11.2.2.1　单边电压变压器电桥

图 11.2-4 (a) 为单边电压变压器电桥，Z_1 和 Z_2 为接入传感器的工作桥臂。变压器的次级线圈被等分为两半，作为平衡桥臂，每一半电压为 $\dot{E}/2$。电桥 A、B 两点的电位差即为电桥的开路输出电压 $\dot{U}_o$，以 O 点为电位参考点，可写出

$$\dot{U}_{AO} = \frac{Z_1}{Z_1 + Z_2}\dot{E}; \quad \dot{U}_{BO} = \frac{\dot{E}}{2}$$

$$\dot{U}_o = \dot{U}_{AB} = \dot{U}_{AO} - \dot{U}_{BO} = \left(\frac{Z_1}{Z_1 + Z_2} - \frac{1}{2}\right)\dot{E} \tag{11.2-8}$$

如果测量前 $Z_1 = Z_2 = Z$，由式 (11.2-8) 可知 $\dot{U}_o = 0$，电桥处于平衡状态。

1. 单臂工作

测量时，设工作臂 Z_1 产生的阻抗增量为 ΔZ_1，并考虑 $Z_1 = Z_2 = Z$，$Z \gg \Delta Z_1$，则式 (11.2-8) 可写成

$$\dot{U}_o = \left(\frac{Z_1 + \Delta Z_1}{Z_1 + \Delta Z_1 + Z_2} - \frac{1}{2}\right)\dot{E} = \frac{\dot{E}}{4} \times \frac{\Delta Z_1}{Z} \times \frac{1}{1 + \frac{\Delta Z_1}{Z}} \approx \frac{\dot{E}}{4} \times \frac{\Delta Z_1}{Z} = \frac{\dot{E}}{4}\varepsilon_Z$$

$$\tag{11.2-9}$$

灵敏度 $\qquad\qquad\qquad\qquad K_{单} = \dfrac{\dot{E}}{4}$

在式 (11.2-9) 中有

$$\frac{1}{1 + \frac{\Delta Z_1}{Z}} = 1 - \frac{\Delta Z_1}{Z} + \left(\frac{\Delta Z_1}{Z}\right)^2 - \left(\frac{\Delta Z_1}{Z}\right)^3 + \cdots$$

因为 $Z \gg \Delta Z_1$，忽略高阶无穷小项，可得非线性

$$e_{f单} = \frac{\Delta Z_1}{Z} \times 100\%$$

2. 差动工作情况

测量时，Z_1 和 Z_2 差动工作，Z_1 产生增量为 ΔZ_1，而 Z_2 产生相反的增量 ΔZ_2，且 $\Delta Z_1 = -\Delta Z_2 = \Delta Z$，代入式（11.2-8）可得

$$\dot{U}_o = \left(\frac{Z_1 + \Delta Z}{Z_1 + \Delta Z + Z_1 - \Delta Z} - \frac{1}{2} \right) \dot{E} = \frac{\Delta Z}{2Z_1} \dot{E} = \frac{\dot{E}}{2} \varepsilon_Z \qquad (11.2-10)$$

如果 Z_1 产生增量为 $\Delta Z_1 = -\Delta Z$，而 Z_2 产生增量为 $\Delta Z_2 = \Delta Z$，则由式（11.2-8）可得

$$\dot{U}_o = \left(\frac{Z_1 - \Delta Z}{Z_1 - \Delta Z + Z_1 + \Delta Z} - \frac{1}{2} \right) \dot{E} = -\frac{\Delta Z}{2Z_1} \dot{E} = -\frac{\dot{E}}{2} \varepsilon_Z \qquad (11.2-11)$$

比较式（11.2-10）和式（11.2-11）可知，由于被测量作用方向的不同，电桥输出 $\dot{U}_o$ 相差一个负号。在交流情况下，是无法分辨出被测量的作用方向的，因此，还需要相敏整流电路。差动工作比单臂工作灵敏度高，线性好。

11.2.2.2 单边电流变压器电桥

单边电流变压器电桥如图 11.2-4（b）所示，将变压器的原边线圈等分为两半，每半线圈阻抗为 $Z_n/2$（Z_n 为变压器原边阻抗），变压器互感为 M。

在测量前 $Z_1 = Z_2 = Z$，有

$$\dot{I}_1 = \frac{\dot{E}}{Z_1 + \dfrac{Z_n}{2}} = \frac{\dot{E}}{Z + \dfrac{Z_n}{2}}; \quad \dot{I}_2 = \frac{\dot{E}}{Z_2 + \dfrac{Z_n}{2}} = \frac{\dot{E}}{Z + \dfrac{Z_n}{2}}$$

由图 11.2-4（b）可知，流过变压器原边的电流 $\dot{I}_1 - \dot{I}_2 = 0$。所以，变压器副边电压 $\dot{U}_o = M(\dot{I}_1 - \dot{I}_2) = 0$，电桥处于平衡。

在测量时，Z_1 和 Z_2 差动动作，设 Z_1 产生增量为 ΔZ_1，Z_2 产生相反增量 ΔZ_2，且 $\Delta Z_1 = -\Delta Z_2 = \Delta Z$，并考虑 $Z_1 = Z_2 = Z$，由图 11.2-4（b）可写出

$$\dot{I}_1 - \dot{I}_2 = \frac{\dot{E}}{Z_1 + \Delta Z + \dfrac{Z_n}{2}} - \frac{\dot{E}}{Z_2 - \Delta Z + \dfrac{Z_n}{2}} = \frac{-2\Delta Z \dot{E}}{\left(Z + \dfrac{Z_n}{2} \right)^2 - (\Delta Z)^2} \qquad (11.2-12)$$

由于 $Z \gg \Delta Z$，忽略 $(\Delta Z)^2$ 的影响，电桥的开路输出电压为

$$\dot{U}_o = M(\dot{I}_1 - \dot{I}_2) = -\frac{2M\dot{E}}{\left(Z + \dfrac{Z_n}{2} \right)^2} \Delta Z \qquad (11.2-13)$$

同理可得 $\Delta Z_1 = -\Delta Z$，$\Delta Z_2 = \Delta Z$ 时的输出电压

$$\dot{U}_o = \frac{2M\dot{E}}{\left(Z + \dfrac{Z_n}{2} \right)^2} \Delta Z \qquad (11.2-14)$$

当电桥有一定的负载时，副边将有电流，通过变压器的互感作用，将会使$\dot{U}_\circ$减小。负载电阻越小，电桥的灵敏度越低。

从上述情况可以看出，变压器电桥与电阻平衡臂电桥相比，使用元件少，输出阻抗小，负载为开路时，电桥的非线性小。

图 11.2-4（c）所示双边变压器电桥请读者自行分析。

11.2.3　紧耦合电桥

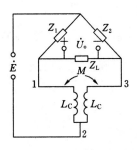

图 11.2-5　紧耦合电桥图

紧耦合电桥是由两个差动工作的传感器 Z_1、Z_2 和两个固定的紧耦合电感线圈 L_C 组成，其电路如图 11.2-5 所示。

设 k 为两个电感线圈之间的耦合系数

$$k = \pm \frac{M}{L_C} \tag{11.2-15}$$

式中　L_C——线圈的自感；

M——两个线圈中的互感。紧耦合时，$k=\pm 1$；不耦合时，$k=0$。

对于图 11.2-6（a）紧耦合电感臂，可以等效为图 11.2-6（b）T 形网络，其对应关系为

$$Z_{12} = Z_S + Z_P = j\omega L_C$$

$$Z_P = j\omega M = j\omega k L_C = k Z_{12}$$

$$Z_s = Z_{12} - Z_P = j\omega(1-k)L_C = (1-k)Z_{12}$$

$$Z_{13} = 2Z_S = j2\omega(1-k)L_C = 2(1-k)Z_{12}$$

可得

$$Z_S = (1-k)Z_{12} = j(1-k)\omega L_C \tag{11.2-16}$$

$$Z_P = k Z_{12} = \frac{k}{1-k} Z_S = jk\omega L_C \tag{11.2-17}$$

电桥的输出阻抗为　　$Z_{13} = 2Z_S = 2(1-k)Z_{12} = j2(1-k)\omega L_C \tag{11.2-18}$

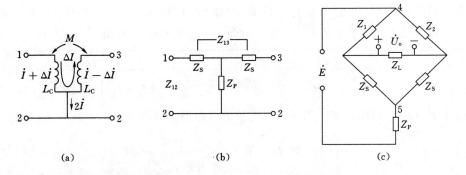

(a)　　　　　　　　　　(b)　　　　　　　　　　(c)

图 11.2-6　紧耦合电感臂电桥及其等效电路

（a）紧耦合电感臂；（b）等效 T 形网络；（c）等效电路

因此，紧耦合电桥可以等效为图 11.2-6（c），其平衡条件是 $Z_1 Z_S - Z_2 Z_S = 0$，即 $Z_1 = Z_2 = Z$。在 $Z_L = \infty$ 时，紧耦合电桥输出电压依照式（11.2-7），忽略非线性项后为

$$\dot{U}_\text{o} = \frac{2m}{(1-m)^2}\varepsilon_Z\dot{E}' \tag{11.2-19}$$

式中 $\dot{E}'$ 为 4，5 端的电压，由图 11.2-6（c）可知

$$\dot{E}' = \frac{Z_\text{B}}{Z_\text{P}+Z_\text{B}}\dot{E}$$

式中 Z_B 为 4，5 端阻抗，由图 11.2-6（c）可得 $Z_\text{B}=(Z+Z_\text{S})/2$，所以又有

$$\dot{E}' = \frac{(Z+Z_\text{S})/2}{Z_\text{P}+(Z+Z_\text{S})/2}\dot{E}$$

考虑到式（11.2-16）及 $m=\dfrac{Z_\text{S}}{Z}$，上式又可写为

$$\dot{E}' = \frac{1+m}{1+\dfrac{1+k}{1-k}m}\dot{E} \tag{11.2-20}$$

将式（11.2-20）代入式（11.2-19）可得输出电压为

$$\dot{U}_\text{o} = \frac{2m}{(1+m)\left(1+\dfrac{1+k}{1-k}m\right)}\varepsilon_Z\dot{E} \tag{11.2-21}$$

设式中

$$K = \frac{2m}{(1+m)\left(1+\dfrac{1+k}{1-k}m\right)} \tag{11.2-22}$$

由图 11.2-6（a）可以看出，对于紧耦合电桥，在测量前电桥处于平衡（$\dot{U}_\text{o}=0$）时，Z_1、Z_2 支路电流 $\dot{I}_1=\dot{I}_2=\dot{I}$，这时在紧耦合线圈中流过的电流大小相等，而且都流向节点 2。绕制线圈时使耦合系数 $k=\pm1$，则由式（11.2-18）可得

$$Z_{13} = \text{j}2(1-k)\omega L_\text{C} = 0$$

电桥的输出电阻等于零，意味着输出端存在的寄生电容对输出没有影响，使电桥的零输出十分稳定，相当于一种简化良好的屏蔽和接地。

差动工作时，$\Delta\dot{I}_1=\Delta\dot{I}$，$\Delta\dot{I}_2=-\Delta\dot{I}$，这意味着在两个紧耦合的线圈中流动的 $\Delta\dot{I}$ 方向相反，从而使线圈对于 ΔI 的耦合系数 $k=-1$，代入式（11.2-22），并在纯感抗情况下，可知

$$\begin{cases} K = \dfrac{2m}{(1+m)\left(1+\dfrac{1+k}{1-k}m\right)} = \dfrac{2m}{1+m} \\ m = \dfrac{Z_\text{S}}{Z_1} = \dfrac{\text{j}(1-k)\omega L_\text{C}}{\text{j}\omega L} = 2\times\dfrac{L_\text{C}}{L} \end{cases}$$

得灵敏度

$$K = \frac{4\times\dfrac{L_\text{C}}{L}}{1+2\times\dfrac{L_\text{C}}{L}} \tag{11.2-23}$$

如果 $k=0$，则

$$K = \frac{2 \times \dfrac{L_c}{L}}{\left(1 + \dfrac{L_c}{L}\right)^2} \qquad\qquad (11.2-24)$$

比较式（11.2-23）和式（11.2-24），紧耦合电感臂电桥的灵敏度比不耦合电感臂电桥的灵敏度高，并且前者随着 L_c/L 的值增大，灵敏度趋于常数，且与 L_c 和 L 无关，即不随电源频率变化。图 11.2-7 给出了这两种情况的灵敏度曲线。

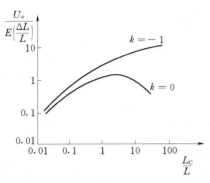

图 11.2-7 紧耦合和不耦合电感
臂电路灵敏度曲线

在上述分析中，忽略了工作桥臂和耦合线圈上的电阻。在实际应用中，紧耦合线圈一般采用铁磁材料制成的芯子，可使 k 值接近于 1，工作桥臂无论是感性元件还是容性元件都应减小电阻损耗，使之更加接近上述分析结果。

综上分析，对于这三种常用交流电桥可作如下比较：

（1）阻抗平衡臂电桥由于能够采用等值电阻作为平衡桥臂，其体积小于另外两种电桥；并且各桥臂的连接比较松散，宜于布线；尤其是当工作臂是体积较大的电感时，可用体积较小的电容与其匹配，应用起来比较方便。

（2）变压器桥输出阻抗小，线性好；供桥电源通过变压器耦合到平衡桥臂上，因此不需要与测量电路的直流电源共地，减少了电源的干扰；尤其是单边电流变压器电桥和双边变压器电桥，可为工作桥臂提供较高电压，不会危及测量电路的安全。

（3）紧耦合电桥的零输出稳定，输出阻抗近似为零，并且在 Q 值较高的情况下，使 $L_c > L$ 就可保证灵敏度的稳定，其线性不随频率 ω 变化；在铁磁材料的铁芯上并行绕制两个线圈，很容易保证两耦合线圈的一致性。它不仅适用于电感式传感器，也适合于电容式传感器。

交流电桥的灵敏度与桥臂阻抗和供桥电源相关。阻抗平衡臂电桥受电源频率的影响要比另外两种电桥大，交流电源的频率可根据上述灵敏度公式，在满足要求的情况下选择，频率过高可能会造成感性阻抗的磁饱和而使输出失真；并且高频下，寄生电容、线路电感等将会使非线性增加。频率过低，会因接近被测量的频率，而不能得到正确的测量结果。

交流电桥对交流供桥电源有更严格的要求。由于理想电源为 $E = E_m \sin\omega t$，在一般情况下，应保证其幅值稳定，频率不变，波形为正弦。尽管交流电桥也适用于参数为纯电阻的测量，并且有更高的灵敏度，但由于直流电源比交流电源更容易稳定，所以纯电阻参数的测量通常都用直流电桥。

11.2.4 相敏整流电路

相敏整流电路多用于变压器电桥的输出端，以辨别被测量的变化方向，消除由于变压器线圈不平衡及高次谐波引起的残余电压。常用的相敏整流电路有半波和全波两种。全波相敏整流电路如图 11.2-8 所示。

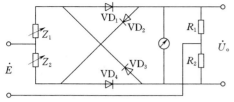

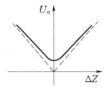
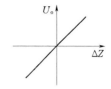

图 11.2 - 8　全波相敏整流电路的电桥　　　　图 11.2 - 9　整流器输出电压特性曲线

（a）无相敏整流；（b）有相敏整流

电桥中 Z_1 和 Z_2 为差动传感器的两个线圈，R_1 和 R_2 为平衡电阻（$R_1 = R_2 = R$），$VD_1 \sim VD_4$ 构成了相敏整流器。

当差动传感器在 $Z_1 = Z_2 = Z$ 时处于平衡，输出电压 $\dot{U}_o = 0$。

当 $Z_1 = Z + \Delta Z$，$Z_2 = Z - \Delta Z$ 时，如果电源 $\dot{E}$ 上端为正，二极管 VD_1 和 VD_4 导通，VD_2 和 VD_3 截止，Z_2 和 R_2 支路上分压于 R_2 的压降大于 Z_1 和 R_1 支路上分压于 R_1 的压降，得到输出电压 $\dot{U}_o$ 为下正、上负。如果电源 $\dot{E}$ 下端为正，上端为负，则二极管 VD_2 和 VD_3 导通，VD_1 和 VD_4 截止，这时 R_2 和 Z_1 支路分压与 R_1 和 Z_2 分压的结果，依然使得输出电压 $\dot{U}_o$ 为下正、上负。

当 $Z_1 = Z - \Delta Z$，$Z_2 = Z + \Delta Z$ 时，同理可得到输出电压 $\dot{U}_o$ 始终是下负、上正。

换句话说，当 $Z_1 = Z + \Delta Z$ 时，输出电压保持下正、上负，幅值随 ΔZ 增大而变大；当 $Z_1 = Z - \Delta Z$ 时，输出电压保持下负、上正，幅值随 ΔZ 增大而变大。

有相敏整流器电桥和无相敏整流器电桥的输出电压特性曲线如图 11.2 - 9 所示。

由于二极管存在一定的导通电压降，在 $\dot{E}$ 过零点附近，波形要失真，会影响输出结果。

习　　题

1. 常用直流电桥有哪几种？常用交流电桥有哪几种？

2. 电桥的零位调整有哪两种方法？

3. 什么是等臂电桥？为什么等臂电桥测电阻比较精确？

4. 以阻值 $R = 120\Omega$，灵敏度 $K = 2$ 的电阻丝应变片与阻值为 120Ω 的固定电阻组成电桥，供桥电压为 2V，并假定负载为无穷大，当应变片的应变为 $2\mu\varepsilon$ 和 $2000\mu\varepsilon$ 时，分别求出单臂、双臂电桥的输出电压。

5. 有人在使用电阻应变片时，发现灵敏度不够，于是试图在工作电桥上增加电阻应变片数以提高灵敏度。试问，在下列情况下，是否可提高灵敏度？说明为什么？

（1）半桥双臂各串联一片。

（2）半桥双臂各并联一片。

6. 用电阻应变片接成全桥，测量某一构件的应变，已知其变化规律为 $E(t) = A\cos 10t + B\cos 100t$，如果电桥激励电压是 $u_o = E\sin 10000t$。求此电桥输出信号的频谱。

第12章 测量放大电路

测量放大电路的作用是将微小的电量信号进行初步放大和线性处理。微弱信号主要来自电量传感器的输出或参数传感器通过转换电路后的电量输出，这些信号的主要成分是传感器进行测量获得的被测量信息，同时也有一些由传感器本身、线路及外界环境等引起的干扰信息。将有用信号不失真地按照要求放大，并提供一定的输出功率，以便后续电路或装置接收处理，就是测量放大电路的任务。本章只讨论测量放大电路基本电路形式和在应用中的基本问题。

图 12-1 所示测量放大电路是将传感器简化成具有内阻 R_0 的电压源 $\dot{U}_0$，对集成运算放大器和分离元件组成的放大电路都适用。图中 R_{in}、R_{out} 分别为放大器的输入阻抗和输出阻抗，Z_L 为放大器输出端的负载阻抗。根据电子技术的基本知识可得：电压增益为 $A_v = u_c/u_i$，电流增益为 $A_i = i_c/i_i$。下面所介绍的电路都采用一个理想运算放大器作为放大环节，但这并不影响分析所得到结论的普遍性。

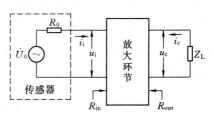

图 12-1 测量放大电路原理

12.1 放大电路的基本形式

12.1.1 从电压源采集信号

基于同相放大器或反相放大器的电压信号采集电路见图 12.1-1。

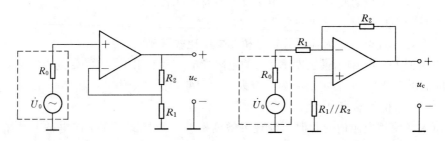

图 12.1-1 采用同相或反相放大器的电压信号采集电路

12.1.1.1 用同相放大器电路进行信号采集

输出电压

$$u_c = \frac{R_1 + R_2}{R_1} U_0 \qquad (12.1-1)$$

输出电阻
$$R_{\text{out}} = \frac{r_a(R_1 + R_2)}{AR_1}$$
(12.1-2)

式中 r_a——运算放大器的标称输出电阻；

A——运算放大器的开路增益。

同相放大器电路的优点是可以使传感器内阻 R_s 不计入输出结果中，可以对实际的波动忽略不计。但是前提条件是传感器的内阻要比运算放大器的输入电阻小。

12.1.1.2 用反相放大器电路进行的电压电源信号采集

输出电压
$$u_c = -\frac{R_2}{R_1}U_o$$
(12.1-3)

输出电阻
$$R_{\text{out}} = \frac{r_a R_2}{AR_1}$$
(12.1-4)

反相放大器电路的优点是可以对运算放大器的输入净电流进行补偿，使其影响忽略不计，此电路的振荡趋势很小。

12.1.2 从电流源采集信号

传感器另一种简单的情况是具有内阻 R_0 的电流源 $\dot{I}_0$，基于同相放大器或反相放大器的电流信号采集电路见图 12.1-2。

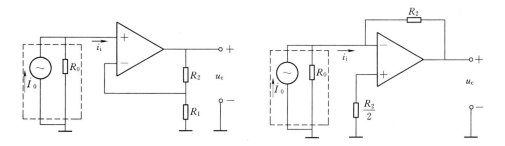

图 12.1-2 采用同相或反相放大器的电流信号采集电路

12.1.2.1 用同相放大器电路进行的信号采集

输出电压
$$u_c = \frac{R_0(R_1 + R_2)}{R_1}I_0$$
(12.1-5)

输出电阻
$$R_{\text{out}} = \frac{r_a(R_1 + R_2)}{AR_1}$$
(12.1-6)

12.1.2.2 用反相放大器电路进行的信号采集

输出电压
$$U_a = -R_2 I_0$$
(12.1-7)

输出电阻
$$R_{\text{out}} = \frac{r_a R_2}{AR_0}$$
(12.1-8)

反相放大器电路的优点是传感器的内阻 R_0 不影响其结果，对于它的波动可以忽略不计，这里的前提条件是内阻必须大于反馈电阻 R_2。也存在这样的可能性，即对运算放大器的输入净电流进行补偿，减少它的影响。

12.1.3 从电阻上采集信号

如果传感器元件，即信号源是一个敏感电阻 R，最好将它接在运算放大器的反馈回路上，如图 12.1-3 所示，这里测量电源 U 为恒压源。电阻 R_2 作为信号源时，在同相放大电路中，输出 u_c 正比于 R_2，在反相放大器电路中正比于它的电导。同样，电阻 R_1 也可以作为信号源，当敏感电阻一端用导线与地电位相接，可以减少干扰。

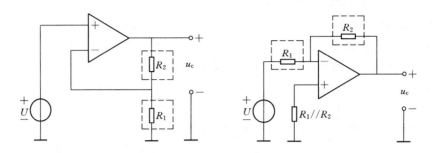

图 12.1-3 恒压源供电同相或反相放大器电路的电阻信号采集

12.1.3.1 采用恒压源供电同相放大器电路采集信号

用于采集信号的敏感电阻既可以放在 R_1 的位置，也可以放在 R_2 的位置。放在 R_1 的位置的优点是与干扰信号有较有效的信噪比，缺点是具有一定的非线性。

输出电压
$$u_c = \frac{R_1 + R_2}{R_1} U \qquad (12.1-9)$$

输出电阻
$$R_{out} = \frac{r_a(R_1 + R_2)}{AR_1} \qquad (12.1-10)$$

12.1.3.2 采用恒压源供电反相放大器电路采集信号

输出电压
$$u_c = -\frac{R_2}{R_1} U \qquad (12.1-11)$$

输出电阻
$$R_{out} = \frac{r_a R_2}{AR_1} \qquad (12.1-12)$$

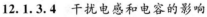

图 12.1-4 恒流源供电反相放大器电路的电阻信号采集

12.1.3.3 采用恒流源供电反相放大器电路采集信号

采用恒流源供电，敏感电阻放在 R_2 的位置见图 12.1-4。

输出电压
$$u_c = -R_2 I \qquad (12.1-13)$$

输出电阻
$$R_{out} = \frac{r_a R_2}{AR_0} \qquad (12.1-14)$$

12.1.3.4 干扰电感和电容的影响

运算放大器输入端是用恒压源 U 或恒流源 I 供电的，它既可以输出直流也可以输出交流的电压或电流。使用交流电源的优点是可以避免一些"偏置漂移"，但其输出精度却较差。当对相当高的频率信号进行处理时，无论是在交流电源还是在直流电源情况下，都要对与传感器电阻 R_n 相并联和相串联的杂散电容 C_n 和杂散电感 L_n 进行补偿。这里适用于下列公式

$$\frac{R_1}{R_2} = \frac{L_1}{L_2} = \frac{C_2}{C_1} \qquad (12.1-15)$$

电路的极限频率 ω_g 和谐振频率 ω_r 是信号处理的极限频率,不应超越这两个频率,它们可以由元件参数给出

$$\omega_g = \frac{1}{CR} = \frac{R}{L} \tag{12.1-16}$$

$$\omega_r = \frac{1}{\sqrt{LC}} \tag{12.1-17}$$

12.1.4 从电容上采集信号

如果传感器元件是一个电容性转换器,就可以使用与电阻式传感器元件同样的电路,见图 12.1-5。只是测量用电源必须是一个稳定的交流电压源或电流源,它的频率必须比较高,以保证有足够的电流流过传感器元件。与电阻的情况相同,应尽量使测量电容与比较电容值相等。

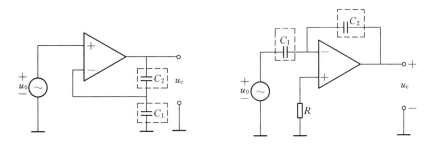

图 12.1-5 采用同相或反相放大器的电容信号采集电路

与敏感电阻时情况一样,这里的极限频率和谐振频率也是信号处理的极限频率,不应该超越这个频率,像从电阻上采集信号所描述的那样,它的具体数值由电容 C 和干扰元件 R 和 L 给出。

12.1.4.1 用同相放大器电路采集信号

输出电压

$$u_c = \frac{C_1 + C_2}{C_2} u_0 \tag{12.1-18}$$

输出电阻

$$R_a = \frac{r_a}{v} \frac{C_1 + C_2}{C_2} \tag{12.1-19}$$

12.1.4.2 用反相放大器电路采集信号

输出电压

$$u_c = -\frac{C_1}{C_2} u_0 \tag{12.1-20}$$

输出电阻

$$R_a = \frac{r_a}{v} \frac{C_1}{C_2} \tag{12.1-21}$$

12.1.5 从电感上采集信号

如果传感器元件是一个电感 L,所用的电路与电阻情况下使用的电路相同(图 12.1-6)。当然测量电源必须是稳定的交流电压,并且要有足够高的频率,以保证在电感上有足够高的电压降产生。与电阻时的情况一样,测量电感和比较电感的值要尽可能地相等。

与敏感电阻时情况相同,这里的极限频率和谐振频率决定了信号处理的极限频率。在工作时应避免达到此频率。其数值由电感 L 和干扰元件 R 和 C 给出,就像从电阻上采集信号所描述的那样。

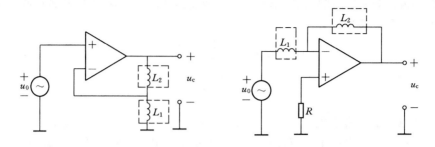

图 12.1-6　采用同相或反相放大器的电感信号采集电路

12.1.5.1 用同相放大器电路采集信号

输出电压 $\qquad u_c = \dfrac{L_1 + L_2}{L_1} u_0$ $\hfill$ (12.1-22)

输出电阻 $\qquad R_a = \dfrac{r_a}{v} \dfrac{L_1 + L_2}{L_1}$ $\hfill$ (12.1-23)

12.1.5.2 用反相放大器电路采集信号

输出电压 $\qquad u_c = -\dfrac{L_2}{L_1} u_0$ $\hfill$ (12.1-24)

输出电阻 $\qquad R_a = \dfrac{r_a}{v} \dfrac{L_2}{L_1}$ $\hfill$ (12.1-25)

12.1.6　积分电路信号采集

在测量磁通量或电荷时，要确定电压或电流的时间积分，其电路与电压源或电流源电路相似。

（1）电压时间积分的确定。在同相放大器电路的情况下，见图 12.1-7（a），由下式给出输出电压

$$U_a = \frac{1}{RC}\int u(t)\,dt - u(t) \qquad (12.1-26)$$

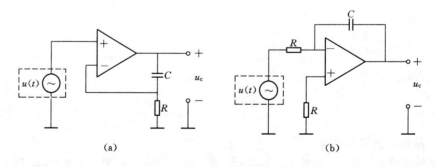

(a) $\qquad\qquad\qquad\qquad\qquad$ (b)

图 12.1-7　采用同相或反相放大器的电压时间积分电路
(a) 同相；(b) 反相

在反相放大器电路的情况下，见图 12.1-7（b），由下式给出输出电压

$$U_a = -\frac{1}{RC}\int u(t)\,dt \qquad (12.1-27)$$

（2）电流时间积分的确定。在同相放大器电路的情况下，见图 12.1-8（a），由下式给出输出电压

$$U_a = \frac{R_1 + R_2}{R_1 C} \int i(t) \mathrm{d}t \qquad (12.1-28)$$

在反相放大器电路的情况下，见图 12.1-8（b），由下式给出输出电压

$$U_a = -\frac{1}{C} \int i(t) \mathrm{d}t \qquad (12.1-29)$$

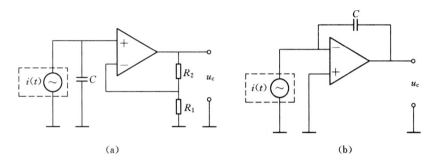

图 12.1-8　采用同相或反相放大器的电流时间积分电路
（a）同相；（b）反相

12.1.7　微分信号采集

为了采集微分信号，可以有意识地使用积分电路采集信号的电路技术。这同样适用于使用非线性元件，对所产生的非线性量可以进行校正。

12.1.8　R、C 和 L 相组合的信号采集

在使用独特谐振特性传感器元件的情况下，反馈频率发生器（图 12.1-9）最适合用于信号处理。如果谐振频率是敏感量，则检测能够精确地确定频率的漂移。相反，若测量阻尼电阻变化，则利用信号幅值进行处理。

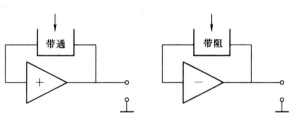

图 12.1-9　反馈频率发生器

12.1.9　比较电路和电桥电路

为了排除在敏感元件上的干扰量影响，人们总是寻找合适的比较电路或电桥电路。从原理上讲，这些电路由两个或多个尽可能相同种类的传感器元件或传感器电路组成，它们仅在一个或很少几个特征量上有区别。从这些有区别的特征量上可以导出差值量或比率量。这些差值量或比率量离实际测量值越接近，排除不希望的干扰量的可能性就越大。

当要使用相同的敏感元件时，它们之间的区别仅仅局限于给被测量不提供参考元件，图 12.1-10 中给出了这种电路。

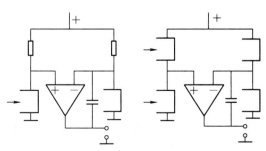

图 12.1-10　比较电路的电桥电路原理图

由于运算放大器的开路增益高，这两个电路的电压差很小，所以它非常适用于两个高精度电压的比较，否则必须用常见的负反馈降低增益电路。

12.1.10 无源 RC 和 RCL 电路的信号采集

在实践中常常使用 RC 宽带滤波器或 RC 带阻和 LC 谐振电路，如石英振荡器或金属探测器的探测线圈。为了利用信号将放大器进行反馈连接，通常将具有滤波特性的电路连接在正负反馈支路里；相反，将具有带阻特性的电路连接在负反馈支路里。所有的改进型都可以追溯到图 12.1-11 所示的原理电路上。

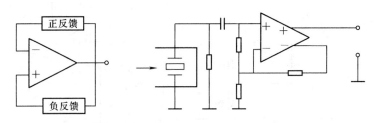

图 12.1-11　固定频率振荡器的信号发生器电路图

12.2　对测量放大电路的要求

为了保证微弱信号能够被精确地放大，同时不产生新的误差和干扰，必须考虑测量放大电路与转换电路的匹配及其自身的性能这两方面问题。

12.2.1　对测量放大电路输入阻抗的要求

由于传感器的输出信号很微弱，测量放大电路接入后，应尽可能减小对传感器的影响。图 12.2-1 所示电路中 $\dot{U}_0$ 为传感器的输出信号，R_0 为传感器的输出电阻，R_i 为测量放大电路的输入电阻。图 12.2-1 (a) 所示电压接口形式的电路模型中，测量放大电路的输入电压 $\dot{U}_i$ 为

$$\dot{U}_i = \frac{R_i}{R_0 + R_i} \dot{U}_0 \qquad (12.2-1)$$

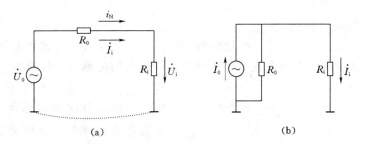

图 12.2-1　传感器与测量放大器接口

(a) 电压形式接口电路模型；(b) 电流形式接口电路模型

要使 $\dot{U}_i \approx \dot{U}_0$，则必须让 $R_i \gg R_0$。在前几章中，分析传感器和转换电路的输出电压公式时，总是设负载电阻 $R_L = \infty$。因此，R_i 不够大的话，$\dot{U}_0$ 将偏离理论值，误差和非线性

增大；同时，$\dot{U}_i$ 是 R_i 和 R_0 分压的结果，必然产生信号的衰减。所以，传感器的输出阻抗较大时，就要求测量放大电路的输入阻抗更高。

输入阻抗 R_i 非常高时，将会引入更多的干扰，如外磁场在传输线上产生的感应电流 i_f 非常微小，由于 $\dot{U}_f = i_f R_i$，当 R_i 很大时，$\dot{U}_f$ 的影响就不能忽略了。i_f 是正比于干扰磁通的，缩短连接导线和利用双绞线等方法减小连接导线包围的磁通面积，是解决上述矛盾的常用方法。

如图 12.2 - 1（b）所示电流接口形式的测量放大电路的输入电流 $\dot{I}_i$ 为

$$\dot{I}_i = \frac{R_0}{R_0 + R_i} \dot{I}_0 \qquad (12.2 - 2)$$

要使 $\dot{I}_i \approx \dot{I}_0$，必须保证 $R_i \ll R_0$，即测量放大电路接收电流信号时，输入电阻应尽量小。如果是采用"采样电阻＋电压放大器"的形式，则取样电阻 R_i 也应尽可能小，而放大器的输入电阻必须是高输入阻抗。

当 $\dot{I}_i$ 很小时，连接导线的分布电容耦合进来的干扰和感应电流等的影响就不能忽视了，使用屏蔽电缆和缩短连接导线是常用的消除干扰的方法。

12.2.2 低噪声

噪声主要来自测量放大电路的外部和内部两方面。

12.2.2.1 外部噪声影响

外部噪声主要是通过静电耦合，电磁耦合和公共阻抗耦合这三种途径引入的。选择合理的屏蔽、去耦及接地方式是抑制外噪声的主要措施。

12.2.2.2 内部噪声影响

内部噪声主要是由运算放大器和电路中的分立元件产生的。其主要噪声类型有：

（1）热噪声。由导体中电荷载流子的热运动产生的噪声。

（2）散粒噪声。它是流过 PN 结势垒时的电流不连续而造成的。

（3）闪烁噪声和爆裂噪声。主要由于晶体管和集成电路的制造缺陷所引起的。

（4）噪声系数。图 12.2 - 2 所示为测量放大电路的噪声等效电路。将放大器 A 看作一个理想的无噪声放大器，而折合到输入端的总噪声电压 e_N 为

$$e_N = \sqrt{4kTR_s\Delta f + e_n^2 + (i_n R_s)^2}$$

式中　$4kTR_s\Delta f$——输入端电阻（包括信号源内阻）的热噪声；

　　　e_n——测量放大电路折合到输入端的噪声电压；

　　　i_n——测量放大电路折合到输入端的噪声电流。

如果噪声系数用输入端的总噪声电压 e_N 与输入电阻的热噪声 e_t 之比表示

$$F = 20\lg \frac{\sqrt{4kTR_s\Delta f + e_n^2 + (i_n R_s)^2}}{\sqrt{4kTR_s\Delta f}}$$

$$(12.2 - 3)$$

由式（12.2 - 3）可看出，F 越小，测量放大电路的

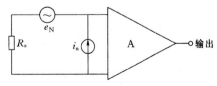

图 12.2 - 2　测量放大电路的噪声等效电路

输出端噪声就越小。减小 F 的途径有两条：选择低噪声的放大器；合理地选择传感器及转换电路，使之与测量放大电路接口后的等效输入电阻 R_s 最小。

12.2.2.3 减小测量放大电路噪声的措施

（1）选择输出电阻较小的转换电路（或传感器），减小信号源内阻 R_s 所产生的热噪声。在 25℃时，$10k\Omega$ 电阻约为 $10nV/\sqrt{Hz}$，$100k\Omega$ 电阻为 $30nV/\sqrt{Hz}$。

（2）选择低噪声放大器。如 $\mu A741$ 这样的一般运算放大器，在频率为 $1kHz$ 时，$e_n=20nV/\sqrt{Hz}$，$i_n=1pA/\sqrt{Hz}$；而双极型场效应管运算放大器 LF356 在 $1kHz$ 时，e_n 与 $\mu A741$ 相差不多，$i_n=0.01pA/\sqrt{Hz}$ 是 $\mu A741$ 的 $1/100$。因此，当信号非常小时，应选噪声系数小的放大器。

（3）压缩放大器的带宽。测量放大电路的通频带宽，主要取决于放大器和外围器件，其宽度有利于信号（包括有用谐波）通过即可。放大器的频带过宽，高次谐波的引入，将增加 e_n 和 i_n。

（4）合理选择放大器的外围器件。如铝电解电容漏电较大，是比较明显的噪声源。因此，输入耦合电容和输入电阻以及反馈电容和电阻，应选用质量较好的钽电容和金属膜电阻。

（5）减小连接线电容。比较有效的方法是将测量放大电路（或前置级）放入传感器内，这样既缩短了连接线，也减小了由连接导线围成的闭合回路面积，消除了电磁干扰；其次是采用驱动电缆技术，使电缆的屏蔽层与芯线具有同等的电位，这样可使屏蔽层与芯线之间没有容性电流通过。

12.2.3 高共模抑制比（CMRR）

在电子技术中定义共模抑制比为

$$CMRR = \left| \frac{A_d}{A_c} \right|$$

式中 A_d——放大器对差动信号的放大倍数；

A_c——放大器对共模信号的放大倍数。

差动式放大器中，电路参数越对称，则共模放大倍数越小，共模抑制比越高；电路参数越不对称，共模抑制比越小。

在设计测量放大电路时，除考虑参数尽量对称外，应了解串模噪声和共模噪声的来源，方可对症下药。

图 12.2-3（a）串模信号 $e_串$ 的等效电路图，它是由接触电阻、电容和电感耦合干扰等产生，叠加在信号源上得图 12.2-3（b）波形。图 12.2-4（a）为共模信号 $e_共$ 的等效电路图，它是由信号源与接收回路之间产生的接地信号差所造成的。通常来源有：测量放大电路与其他电路共地，其他电路信号电流流过，因公共阻抗耦合，产生共模噪声；在公共地线上由于静电耦合和电磁耦合产生共模电压。共模信号与信号源叠加后的波形如图 12.2-4（b）所示。

如果 $e_共 \neq e'_共$，则共模信号转换成串模信号，在差分放大电路中，共模信号转换成差模信号才对电路产生影响。衡量一个电路的抗共模能力，可以用它抑制转化成串模信号的能力来表示，即

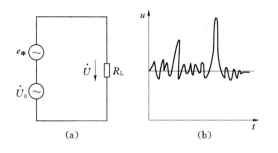

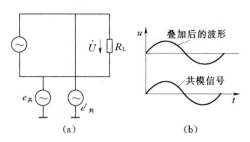

图 12.2-3　串模信号的等效电路图和波形图　　　　图 12.2-4　共模信号的等效电路图和波形图
（a）串模信号的等效电路图；（b）波形图　　　　（a）共模信号的等效电路图；（b）波形图

$$CMRR = 20\lg \frac{e_共}{e_串}(dB)$$

设计放大电路时，尽管注意了放大器外围器件的参数平衡和选择高 $CMRR$ 的运算放大器。但是，实际差动放大器其正负两条信号通道上的阻抗参数不可能完全相等（或者说完全匹配），如电桥在测量时是不平衡的；运算放大电路在切换放大倍数时原参数匹配必然被改变；分布电容和导线等效电感的不平衡等，都会使 $CMRR$ 降低。

通常提高共模抑制比的方法有：

（1）正负两条信号通道上的元件特性和参数应尽可能一致。

（2）增大接地导线面积，缩短导线长度，减小接地公共电阻。模拟电路和数字电路的接地要分开，需共地时，最好只有一个公共节点，减少一方电流在另一方电路中的流动。

（3）采用有效的屏蔽措施，减少电容耦合和电感耦合的干扰；采用隔离电源，减少 50Hz 的工频干扰。

（4）采用三运放电路和集成仪表放大器。通常放大电路的前置级都是采用一个高输入阻抗放大器，尽管选择 $CMRR$ 很高，但配置外围器件后，测量电路的 $CMRR$ 并不一定高。采用图 12.2-5 所示的三运放电路可以有效地提高 $CMRR$ 和输入阻抗，其电压放大倍数为

$$A_{vf} = \frac{u_o}{u_{i1} - u_{i2}} = -\frac{R_4}{R_3}\left(1 + \frac{2R}{R_G}\right)$$

$$(12.2-4)$$

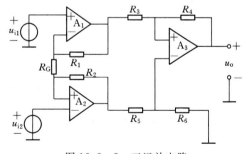

改变 R_G 就可以改变 A_{vf} 值，且 R_G 接在 A_1 和 A_2 的反向输入端之间，不改变电路的对称性。如果 A_1 和 A_2 对称，且各电阻值的匹配误差为 $\pm 0.001\%$，则 CMRR 可达 100dB 以上。而对称的同相放大器，具有相同的输入电阻，其值可达到几百兆欧以上。

图 12.2-5　三运放电路

由于集成仪表放大器的前置放大电路都是精确匹配三运放形式，又集成了多路转换、增益控制、自稳零电路、滤波电路等，应该是设计电路时的理想选择。如 AMP03、AD620、INA128、PGA204 等。

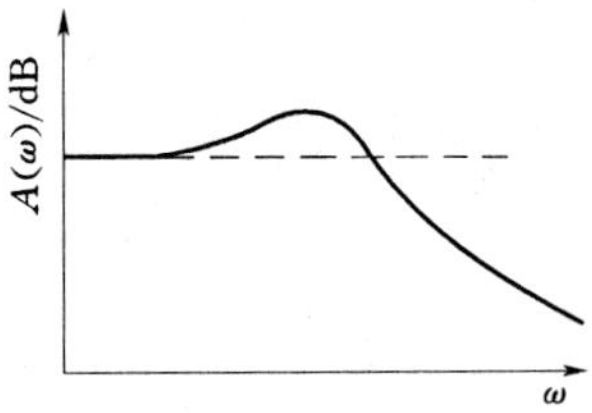

图 12.2－6 幅频特性

12.2.4 高度线性

利用频域分析法，可以得到测量放大电路的幅频特性。其幅频随着 ω 提高而降低，说明测量放大电路的增益发生了变化（图 12.2－6），即非线性失真。利用负反馈，可以有效地改善非线性失真。

12.2.5 高稳定性、低漂移

除选用稳定性好、低温漂的放大器外，还应注意测量放大电路工作点的稳定性。静态工作点的漂移多起因于电位器的移动接触点的不稳定、电阻值随温度变化等。

12.3 常用放大电路

通常采用的运算放大电路（如加、减法电路，积分和微分电路，乘、除法电路，对数-反对数电路等），请参阅电子技术等有关内容。下面主要介绍几种用于差值信号放大的电路。

12.3.1 三运放形式仪表放大电路

图 12.2－5 所示的三运放仪表放大电路是专用仪表放大电路的雏形。通常配置 $R_3 = R_4 = R_5 = R_6 = R$，使得 A_3 是一个增益为 1 的差动放大电路；如果让电路的输入对称，还需要让 $R_1 = R_2 = R$。设放大器 A_1 的输出电压为 U_A，放大器 A_2 的输出电压为 U_{A2}，流经 R_G 的电流为

$$I_G = \frac{U_{A1} - U_{A2}}{2R + R_G} \tag{12.3-1}$$

对放大器 A_1、A_2 用虚短概念，流经 R_G 的电流又可以写成

$$I_G = \frac{u_{i1} - u_{i2}}{R_G} \tag{12.3-2}$$

所以有

$$\frac{U_{A1} - U_{A2}}{2R + R_G} = \frac{u_{i1} - u_{i2}}{R_G} \tag{12.3-3}$$

又因为 $R_3 = R_4 = R_5 = R_6 = R$ 情况下，$U_o = U_{A1} - U_{A2}$，则

$$U_o = \left(1 + 2\frac{R}{R_G}\right)(u_{i1} - u_{i2}) \tag{12.3-4}$$

$$A_{rf} = \frac{U_o}{u_{i1} - u_{i2}} = 1 + 2\frac{R}{R_G} \tag{12.3-5}$$

可见 R_G 的变化将使放大电路的增益发生变化，但它的变化不影响电路结构的对称性。

目前通用的仪表放大电路有 AD620、INA114、PGA204 等。图 12.3 - 1 是用仪表放大器构成的桥路放大器。

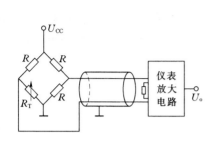 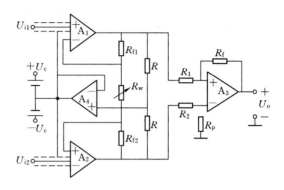

图 12.3 - 1　桥路放大器　　　　图 12.3 - 2　具有浮动电源的差动放大器

12.3.2　具有浮动电源的差动放大电路

在图 12.3 - 2 所示电路中，利用 A_4 使运算放大器的 A_1 和 A_2 的电源电压 $+U_c$ 和 $-U_c$ 随着共模信号浮动，可以进一步提高共模抑制比。其输入级的共模抑制比为

$$CMRR_{1.2} = \frac{CMRR_1 \times CMRR_2 \times CMRR_4}{|CMRR_1 - CMRR_4|} \quad (12.3 - 6)$$

式中　$CMRR_i$——第 i 个运算放大器的共模抑制比。

考虑电路的对称要求：则 $R_{f1} = R_{f2}$，$R_1 = R_2$，$R_f = R_p$。

12.3.3　用于交流信号放大的自举电路

利用反馈使输入电阻的两端近似为等电位，这样流经输入电阻的电流近似为零，不向输入回路索取电流，从而提高输入阻抗的电路被称为自举电路。图 12.3 - 3 所示自举电路用于交流信号放大。采用 C_1 隔直后，需加入由 R_1、R_2 构成的放电回路，此时的输入阻抗为 $R_1 + R_2$。为了提高电路的输入阻抗，接入 C_2。根据"虚短"与"交流通路"的概念，R_1 两端电位近似相等，使得流经 R_1 的电流（等于输入电流）近似为零，形成自举。为了减小失调电压，常取 $R_f = R_1 + R_2$。

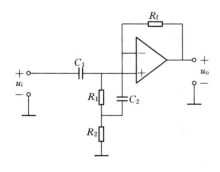 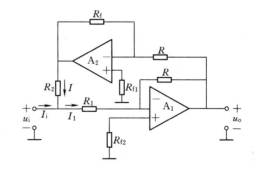

图 12.3 - 3　自举电路　　　　图 12.3 - 4　补偿电路

12.3.4　补偿电路

图 12.3 - 4 所示为补偿式自举电路。组合电路的输入电阻 $R_i = R_1 R_2 / (R_2 - R_1)$，如

147

取 $R_2 = R_1$，可使 $R_i = \infty$，因此 $I_i = 0$，从而提高了放大器的输入阻抗。实际上是 $I = I_1$，形成自举。

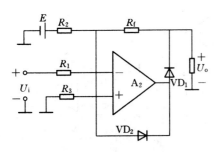

图 12.3-5 精密折点电路

12.3.5 精密折点电路

精密折点电路多用于传感器非线性输入特性的线性化。图 12.3-5 所示电路中，来自传感器的输入电压为 U_i，E 为基准电压。可得运算放大器的负端输入电压 U 为

$$U_- = \frac{R_2}{R_1 + R_2} U_i + \frac{R_1}{R_1 + R_2} E = \frac{R_2}{R_1 + R_2}\left(U_i + \frac{R_1}{R_2}E\right)$$

$$(12.3-7)$$

$U_- > 0$ 即 $U_i > -\dfrac{R_1}{R_2}E$ 时，运算放大器输出为负，VD_2 导通 VD_1 截止，电路输出 $U_o = 0$。

$U_- = 0$ 即 $U_i = -\dfrac{R_1}{R_2}E$ 时，运算放大器输出为零，VD_2 和 VD_1 都截止，电路输出 $U_o = 0$。

$U_- < 0$ 即 $U_i < -\dfrac{R_1}{R_2}E$ 时，运算放大器输出为正，VD_1 导通 VD_2 截止，电路输出可表示为

$$U_o = \frac{R_f}{R_2}E + \frac{R_f}{R_1}U_i$$

$$(12.3-8)$$

式（12.3-8）相当于端基拟合直线 $y = a_0 + kx$，其中 $a_0 = \dfrac{R_f}{R_2}E$，$k = \dfrac{R_f}{R_1}$。用端基拟合直线实现折线逼近法及电路如图 12.3-6 所示，其中 $a_i = \dfrac{R}{R_{i2}}E$，$k_i = \dfrac{R}{R_{i1}}$。如果需要整个检测系统线性化，通常由图 12.3-6（b）所示放大电路实现，参数 a_i 和 k_i 可以用下述方法求得。

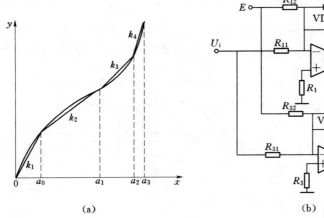

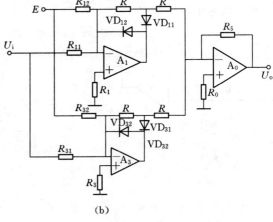

（a）

（b）

图 12.3-6　折线逼近法及电路

（a）折线逼近法；（b）电路

图 12.3-7 中 $u_1 = f_1(x)$ 为放大电路之前的非线性特征（在第Ⅰ象限），$y = f_3(u_o)$ 为放大电路后面的非线性特性（在第Ⅲ象限），$y = kx$ 是检测系统的线性特性（在第Ⅳ象限），图 12.3-7（a）描述了检测系统方框图。将这三条特性曲线分别画在第Ⅰ、Ⅲ、Ⅳ象限。从系统的理想特性 $y = kx$ 上任取一点 S_1 出发，分别做平行于 x 轴的直线与 $y = f_3(u_o)$ 交于 R_1 点，平行于 y 轴的直线与 $u_1 = f_1(x)$ 交于 P_1 点。过 P_1 做平行于 x 轴的直线，过 R_1 做平行于 y 轴的直线，两直线的交点为 Q_1。改变 S_1 的位置，可以得到一系列的 Q_1 点，这些点的连线即为放大电路的特性曲线。而这条特性曲线又可用图 12.3-6 所示的折线逼近法实现。

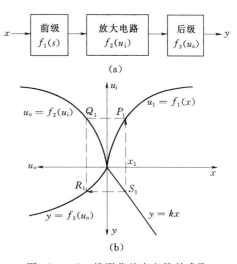

图 12.3-7 线形化放大电路的求取

（a）检测系统方框图；（b）$u_o = f_2(u_1)$ 的求取

12.4 电 荷 放 大 器

由于一些传感器是利用压电效应设计制造的，因此，这类传感器的阻抗很高呈容性，输出信号微弱，以电荷计。由于传感器自身和传输电缆分布电容的影响，以及绝缘下降等，造成电荷泄漏，都会降低测量的精确度。通常使用电荷放大器作为前置放大器来解决这一问题。

电荷放大器是一种输出电压与输入电荷成正比的放大器，图 12.4-1 所示电路为压电传感器与电荷放大器连接的等效电路，以此分析电荷放大器的基本性能。图中 q 为压电传感器产生的电荷量；C_a 为传感器自身的等效电容；C_c 为电缆的等效电容；C_i 为放大器输入端等效电容；C_f 为电荷放大器反馈电容；R_f 为并联在反馈电容两端的反馈电阻和等效漏电阻；A 为运算放大器开环增益。

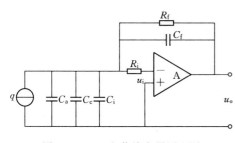

图 12.4-1 电荷放大器原理图

在忽略电阻 R_f 的情况下，反馈电容折合到放大器输入端的有效电容 C_f' 为

$$C_f' = -C_f(A-1) \qquad (12.4-1)$$

此时，运算放大器的输入阻抗等于电容 C_a、C_c、C_i 和 $-C_f(A-1)$ 并联阻抗，等效到放大器输入端的电压可写成

$$u_i = \frac{q}{C_a + C_c + C_i - C_f(A-1)} \qquad (12.4-2)$$

因此，得到放大器的输出电压为

$$u_o = -Au_i = \frac{-qA}{C_a + C_c + C_i - C_f(A-1)} \qquad (12.4-3)$$

如果 A 在 10^4 以上，C_f 不小于 100pF，则 $C_f(A-1) \gg (C_a + C_c + C_i)$，这样传感器自身电容 C_a、电缆分布电容 C_c 和放大器输入电容 C_i 均可忽略不计，放大器输出电压可近似为

$$U_o = \frac{q}{C_f} \qquad (12.4-4)$$

式（12.4-4）说明了电荷 q 经过反馈电容 C_f 换成电压 U_o 的函数关系。输出灵敏度取决于 C_f，C_f 越小灵敏度越高，但 C_f 过小灵敏度会下降，这是由于传输电缆电容 C_c 相对传感器自身的电容 C_a 而言，已不能忽略的原因。由于放大器是电容反馈，对于直流工作点相当于开环，零漂很大。为了稳定工作点，减少零漂，通常在电容 C_f 的两端并联一反馈电

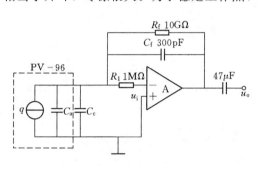

图 12.4-2　加速度传感器前置级

阻 R_f，形成直流反馈。为保证一定的灵敏度，应取 $AC_f > 10C_c$，R_f 在 $10^{10}\,\Omega$ 以上。图 12.4-2 所示压电加速度传感器前置级电路，所用加速度传感器为 PV-96，灵敏度每个 g 约为 10000pC，静电容量 C_a 约为 6000pF，绝缘电阻大于 10GΩ，振动频率在 0.1～100Hz 之间。

图 12.4-2 中，R_1 是运算放大器的输入保护电阻，避免输入过高，造成运算放大器损坏。运算放大器应低漂移、高输入阻抗、宽频带，增益大于 80dB。要求电容 C_f 泄漏电阻高，集肤效应小，而且有小温度系数和长时间的稳定性。输入部位使用聚四氟乙烯绝缘支架，避免电荷泄漏，影响测量结果。传感器的频率特性由下式决定

$$f_L = \frac{1}{2\pi R_f C_f} \qquad (12.4-5)$$

由于电荷放大器的噪声为 $V_{N1}[(C_a + C_c)/C_f + 1]$，将传感器的灵敏度设为 g_0/g，该噪声换算成噪声电平

$$\frac{V_{N1}\left(\dfrac{C_a + C_c}{C_f} + 1\right)}{q_0/C_f} = \frac{V_{N1}}{q_0}(C_a + C_c + C_f) \qquad (12.4-6)$$

由式（12.4-6）可看出降低噪声的有效办法是减小 C_f，但考虑式（12.4-4）和式（12.4-5）减小 C_f 应有界限。此例中 $C_f = 300$pF，$R_f = 10$GΩ，g 换算噪声电平的实测值在 0.1～10Hz 为 $0.6 \times 10^{-6} g$。PV-96 微振动检测仪，其测量范围是：加速度 $2 \times 10^{-6} g \sim 10^{-1} g$，振动频率 0.1～100Hz。

图 12.4-3 为差动式电荷放大器。其优点为：

（1）放大器增益基本上不受从每个信号输入线到公共地线电容平衡值或绝对值的影响，

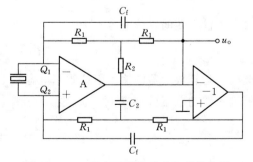

图 12.4-3　双点反馈差动式电荷放大器

可与对地绝缘的差动式对称输出电压传感器联用，增加了系统的抗干扰能力。

（2）仅感受传感器的差动输入电荷信号并将其转换为电压信号。其输出-输入特性表示为

$$U = \frac{Q_q}{C_f} - \frac{Q_2}{C_f} = \frac{1}{C_f}(Q_q - Q_2) = \frac{1}{C_f}Q_{12} \tag{12.4-7}$$

（3）具有抑制共模电压干扰的能力，并可把杂散磁场和电缆噪声的影响减至最小。

习　题

1. 为了保证微弱信号能够被精确地放大，对测量放大电路的性能有哪些要求？

2. 测量中常用于差值信号放大的电路有哪些？

3. 电路如下图所示，试求输出电压 u_o 与输入电压 u_{i1} 和 u_{i2} 的关系。

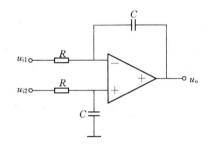

第 13 章　滤　波　器

滤波器是一种交变信号处理装置，它将信号中的一部分无用频率分量衰减掉，而让另一部分特定的频率分量通过。作为净化器，它将叠加在有用信号上的电源、导线传导耦合及检测系统自身产生的各种干扰滤除；作为筛选器，它将不同频率的有用信号进行分离，如频谱分析和检波；它还可以作为补偿器，对检测系统的频率特性进行校正或补偿。

滤波器按信号形式可分为模拟信号滤波器和数字信号滤波器；按采用元件类型可分为有源滤波器和无源滤波器，等等。从不同的角度去考虑，就有不同的分类方法，在此不一一叙述。本章仅从应用的角度出发，介绍模拟信号滤波器的概念和常用的电路。

13.1　滤波器的基本概念

设来自传感器或测量电路的信号 $U_i(t)$ 是周期性信号，可以将它展开成傅立叶级数形式，表示为

$$U_i(t) = A_0 + A_1 \sin(\omega_0 t + \varphi_1) + \cdots + A_n \sin(n\omega_0 t + \varphi_n) + \cdots \qquad (13.1-1)$$

式中　　　　　　A_0——直流分量；

　　　　　　　ω_0——$U_0(t)$ 的基波频率（或称一次谐波频率）；

　　　　　　　　n——倍频数，$n=1，2，3，\cdots$；

$A_n \sin(n\omega_0 t + \varphi_n)$——$n$ 次谐波分量；

　　　　　　　φ_n——n 次谐波分量的初相角；

　　　　　　　A_n——n 次谐波分量的幅值。

式（13.1-1）还可以用复数形式的傅立叶级数来表示，即

$$U_i(t) = \sum_{n=-\infty}^{\infty} B_n e^{jn\omega_0 t} \qquad (13.1-2)$$

其中

$$B_n = \frac{1}{T} \int_{-T/2}^{T/2} U_i(t) e^{jn\omega_0 t}$$

$$T = \frac{2\pi}{\omega}$$

13.1.1　理想滤波器

理想滤波器可以定义为：当信号进入它时，允许特定频率范围内的信号分量不失真地通过，并且将范围外的信号分量衰减为零。也就是可以将理想滤波器看成放大倍数为 k 的放大器，且

$$k = \begin{cases} 1, & \omega_1 t < \omega = n\omega_0 t < \omega_2 t \\ 0, & 其他 \end{cases} \qquad (13.1-3)$$

式中 ω_1 和 ω_2 是特定频率范围内的上、下截止频率。当信号 $U_i(t)$ 通过滤波器后，将变为 $U_o(t)$，由式（13.1-2）可知

$$U_o(t) = kU_i(t) = \sum_{n=\omega_{01}/\omega_0}^{\omega_{02}/\omega_0} B_n e^{jn\omega_0 t} \qquad (13.1-4)$$

或 $\qquad U_o(t) = A_{\omega_1} \sin(\omega_1 t + \varphi_{\omega_1}) + \cdots + A_{\omega_2} \sin(\omega_2 t + \varphi_{\omega_2})$

$U_i(t)$ 经过滤波器后，只保留 $U_i(t)$ 中 ω_1 到 ω_2 频率范围内的谐波分量。因此 ω_1 到 ω_2 为滤波器的通频带。

如果 $\omega_1 = 0$，则 $0 \sim \omega_2$ 频率之间的信号可以不失真地通过滤波器，而高于 ω_2 的所有谐波分量被衰减为零，这样的滤波器被称为低通滤波器，见图 13.1-1（a）中的虚线。

如果 $\omega_2 = \infty$，则 $\omega_1 \sim \infty$ 频率之间的信号通过滤波器时不失真，低于 ω_1 的被衰减为零，则称为高通滤波器，见图 13.1-1（b）中的虚线。

如果在 $\omega_1 \sim \omega_2$ 之间的信号可以不失真地通过滤波器，在 $\omega_1 \sim \omega_2$ 频率范围之外的谐波分量被衰减为零，则称为带通滤波器。与带通滤波器作用正好相反的，称为带阻滤波器，分别如图 13.1-1（c）、（d）中的虚线。

滤波器是频率 ω 的函数，用频率特性的分析方法来描述滤波器，则式（13.1-3）的幅频特可表示为：

$$|K(\omega)| = \begin{cases} 1, & \omega_1 < \omega < \omega_2 \\ 0, & 其他 \end{cases} \qquad (13.1-5)$$

在图 13.1-1（a）中 $K(\omega)$ 表示低通滤波器，高通滤波器就可以用 $[1 - K(\omega)]$ 得到，即用低通滤波器作反馈回路；带阻滤波器 [图 13.1-1（d）] 可以用低通和高通的组合得到，而带通就是以带阻为负反馈来获得。

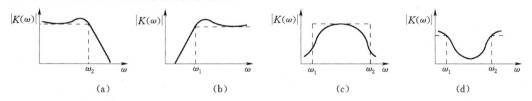

图 13.1-1　理想滤波器和非理想滤波器的幅频特性
（a）低通；（b）高通；（c）带通；（d）带阻

13.1.2　非理想滤波器

理想滤波器可以完全通过所选频率范围内的信号，而衰减掉其他信号。甚至可以通过选择滤波器的通频带，将信号中某一频率的谐波分量筛选出来或滤除掉。但实际滤波器很难做到这样的理想状态，图 13.1-1 中虚线为理想滤波器的幅频特性。以图 13.1-1（a）的低通滤波器为例，说明理想滤波器与非理想滤波器的差异，具体表示见图 13.1-2 所示。

允许幅值误差或称允许增益误差为 $\pm\Delta$，当 $|K(\omega)|$ 第一次穿出误差带时对应的频率 ω_c 是低通滤波器通频带的截止频率。由于大于 ω_c 时，$|K(\omega)|$ 将明显衰减，所

以，高于 ω_c 的谐波分量通过滤波器时会产生失真。ω_s 为带阻频率，它是 $|K(\omega)|$ 进入零输出允许误差带 Δ_0 所对应的频率。滤波器可以将高于 ω_s 的信号近似衰减为零。在 $\omega_c \sim \omega_s$ 段被称为滤波器的过渡带，在此范围内的谐波分量通过滤波器时，既不能完全通过，又没有衰减掉，造成有用信号分量不能与其他分量完全分隔开，产生选频误差。很明显，过渡带越窄，滤波器越近似于理想状态。过渡带直接影响滤波器的分辨力。

非理想滤波器的传递函数是输出信号 $U_o(t)$ 的拉氏变换与输入信号 $U_i(t)$ 的拉氏变换之比，即

$$k(s) = \frac{U_o(s)}{U_i(s)} = \frac{b_0 s^m + b_1 s^{m-1} + \cdots + b_{m-1}s + b_m}{a_0 s^n + a_1 s^{n-1} + \cdots + a_{n-1}s + a_n} \qquad (13.1-6)$$

用 $s = j\omega$ 代入，可以得到非理想滤波器的频率特性 $k(\omega)$，式（13.1-6）分母中 s 项的最高次数 n 被定义为滤波器的阶数。根据频域分析方法的有关知识可知，提高滤波器的阶数有利于减小过渡带。但是，滤波器的稳定性会变差，相移增大，有可能会发生谐振。虽然高阶滤波器的性能比较好，但是设计和调试的难度也大了。

13.1.3 滤波器的基本性能参数

评价滤波器的质量，通常用下述性能指标来描述：

（1）截止频率：在图 13.1-2 中，幅频特性 $|K(\omega)| = (1-\Delta)$ 所对应的频率 ω_c。

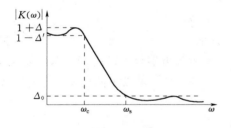

图 13.1-2 非理想低通滤波器

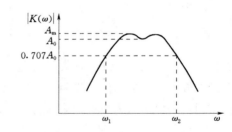

图 13.1-3 带通滤波器

（2）带宽 B 和品质因数 Q：带通滤波器的幅频特性如图 13.1-3，$\omega_1 \sim \omega_2$ 的通频带称为滤波器的带宽 B，$\omega_0 = \sqrt{\omega_1 \omega_2}$ 称为带通滤波器的中心频率，而中心频率 ω_0 与带宽 B 之比，称为品质因数，表示为 $Q = \omega_0 / B$。显然，这两个指标描述了滤波器"筛选信号"的分辨力和分辨率。

（3）纹波幅度：此指标表示滤波器的波动情况。用 $\sigma\%$ 来表示，则

$$\sigma\% = \frac{A_{max} - A_0}{A_0} \times 100\%$$

$\sigma\%$ 越大，说明滤波器抑制谐振的能力越差。通常不得超过 5%（在对数幅频特性中为 3dB）。

（4）10 倍频程选择性：如果从 ω_2 开始每增加 10 倍频程，或从 ω_1 每减少 10 倍频程 $20 \lg |K(\omega)|$ 的衰减量，用倍频选择性来表征，以 dB 为单位。衰减量越大，过渡带越窄，滤波器的选择性越好。

13.2 无源滤波器

无源滤波器通常用 R、C 和 L 组成的电网络来实现，具有电路结构简单，元件易选，容易调试，抗干扰能力强，稳定可靠等特点。

13.2.1 低通滤波器

图 13.2－1 (a) 所示为最简单的一阶 RC 低通滤波器电网络。输入信号为 $U_i(t)$，输出信号为 $U_o(t)$。应用电路理论，可求出该网络的传递函数 $K(s)$ 为

$$K(s) = \frac{U_o(s)}{U_i(s)} = \frac{1}{RCs+1} = \frac{1}{\tau s+1} \tag{13.2-1}$$

式中 $\tau = RC$ 称为该网络的时间常数。用 $s = j\omega$ 代入，可得

$$K(j\omega) = \frac{1}{j\tau\omega+1} = A(\omega)e^{j\varphi(\omega)} \tag{13.2-2}$$

其幅频特性
$$A(\omega) = \frac{1}{\sqrt{1+\tau^2\omega^2}} \tag{13.2-3}$$

相频特性
$$\varphi(\omega) = -\arctan(\tau\omega) \tag{13.2-4}$$

该网络的频率特性如图 13.2－1 (b) 和图 13.2－1 (c)。

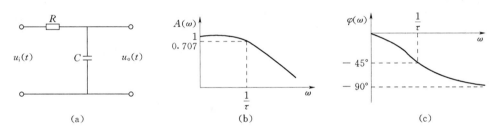

图 13.2－1　一阶 RC 低通滤波器及频率特性
(a) RC 网络；(b) 幅频特性；(c) 相频特性

当 $\omega \ll \dfrac{1}{RC}$ 时：$A(\omega) \approx 1$，$\varphi(\omega) \approx 0$，该网络可以看成不失真的传输系统。当 $\omega = \dfrac{1}{RC}$ 时：$A(\omega) = 0.707$，$\varphi(\omega) = -45°$，依截止频率的定义可知 $\omega_c = \dfrac{1}{RC}$，因此，调整 RC 数值，就可以改变低通滤波器的通频带。如果 $\omega > \omega_c$ 则进入过渡带，对频率高于 ω_c 的信号分量开始起衰减作用，其衰减率为 $-20\text{dB}/$十倍频程。

当 $\omega \gg \dfrac{1}{RC}$ 时：$A(\omega) = 0$，$\varphi(\omega) \approx -90°$，滤波器呈现高阻状态。

实际工作的 RC 滤波器如图 13.2－2 所示，由上述分析该网络的截止频率可写成 $f_c = \dfrac{\omega_c}{2\pi} = \dfrac{1}{2\pi RC}$（Hz），可用 RC 来调整。R 与 C 的组合值主要取决于电容 C，通常都在几百皮法以上。如果 C 过小，负载上的输入电容 C_L 及传输导线的分布电容等都对滤波器的电容有影响。电阻 R 的值也不能过小，因为信号源内阻 R_s 与 R 串联，所以过小的 R 不但会

使信号源的负载加重，而且会使滤波器的截止频率下降，误差增大。但是，R 值也不能过大，滤波器的输出是 R 与 C 的分压结果，过大的 R 值会使 U_o 衰减，同时作为负载的输入电阻，会对负载电路产生不利的影响。通常控制 R 上的压降在 1V 以下。

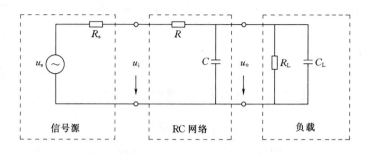

图 13.2-2　工作中的 RC 网络

二阶低通滤波器如图 13.2-3 所示，是用两个低通滤波器串联获得的。图 13.2-3（a）中网络的传递函数为

$$K(s) = \frac{1}{R_1 R_2 C_1 C_2 s^2 + (R_1 C_1 + R_2 C_2 + R_1 C_2)s + 1} = \frac{1}{\tau^2 s^2 + 2\xi\tau s + 1} \quad (13.2-5)$$

二阶电网络的时间常数
$$\tau = \sqrt{R_1 R_2 C_1 C_2} \quad (13.2-6)$$

二阶电网络的阻尼系数
$$\xi = \frac{R_1 C_1 + R_2 C_2 + R_1 C_2}{2\sqrt{R_1 R_2 C_1 C_2}} \quad (13.2-7)$$

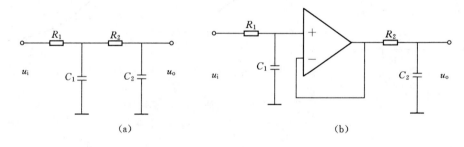

（a）　　　　　　　　　　　　（b）

图 13.2-3　二阶 RC 低通滤波器

（a）二阶 RC 网络；（b）有隔离器的二阶 RC 网络

将 $s=j\omega$ 代入式（13.2-5）可得二阶网络的频率特性为

$$\begin{cases} A(\omega) = \dfrac{1}{\sqrt{(1-\tau^2\omega^2)^2 + (2\xi\tau\omega)^2}} \\[3mm] \varphi(\omega) = -\arctan\dfrac{2\xi\tau\omega}{1-\tau^2\omega^2} \end{cases} \quad (13.2-8)$$

考虑到 $\xi = \dfrac{1}{\sqrt{2}}$ 时，二阶网络处于最佳阻尼状态，并且 $\omega=\omega_c$ 时，$A(\omega_c) = 0.707$，则可求出截止频率

$$\omega_c = \frac{1}{\tau} = \frac{1}{\sqrt{R_1 R_2 C_1 C_2}}(\text{rad/s})$$

或
$$f_c = \frac{1}{2\pi \sqrt{R_1 R_2 C_1 C_2}} (\text{Hz})$$

从式（13.2-6）和式（13.2-7）看出，τ 与 ξ 关联紧密，选择合理的 ω_c，有可能不是最佳。

通常令 $R_1 = R_2 = R$，$C_1 = C_2 = C$，式（13.2-6）和式（13.2-7）可写成
$$\begin{cases} \tau = RC \\ \xi = 1.5 \end{cases}$$

代入式（13.2-8），并让 $A(\omega_c) = 0.707$，可求出
$$\omega_c = \frac{1}{2.673RC}$$

$$f_c = \frac{1}{16.8RC}$$

图 13.2-3（b）所示网络中使用了隔离放大器，该网络的传递函数写成
$$K(s) = \frac{1}{(R_1 C_1 s + 1)(R_2 C_2 s + 1)} = \frac{1}{(\tau_1 s + 1)(\tau_2 s + 1)} = \frac{1}{\tau_1 \tau_2 s^2 + (\tau_1 + \tau_2)s + 1}$$
$$(13.2-9)$$

式中 $\tau_1 = R_1 C_1$，$\tau_2 = R_2 C_2$，分别为两个串联一阶滤波器的时间常数。

比较式（13.2-5）和式（13.2-8）可知，由于没有隔离器的网络中两个一阶低通滤波器存在负载效应影响，所以电阻和电容之间的关联比较紧密；有隔离器的网络中，两个一阶低通滤波器是相互独立的，可以写成 $K(s) = K_1(s)K_2(s)$，截止频率取一阶低通滤波器中截止频率最小的一个。

二阶低通滤波器的衰减率为 -40dB/十倍频程，可以类推 n 阶低通滤波器的衰减率为 $-20n\text{dB}$/十倍频程。从上述分析可看出，二阶滤波器的过渡带比一阶滤波器要窄，但网络结构复杂了，因此调试工作量增大，使用隔离放大器可以使问题简单化。

13.2.2 高通滤波器

简单的一阶高通滤波器如图 13.2-4 所示，该网络的传递函数为
$$K(t) = \frac{U_o(S)}{U_i(S)} = \frac{RCS}{RCS + 1} = \frac{\tau S}{\tau S + 1} \tag{13.2-10}$$

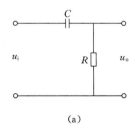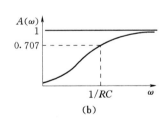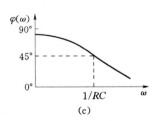

图 13.2-4　一阶 RC 高通滤波器及频率特性

（a）一阶高通 RC 网络；（b）幅频特性；（c）相频特性

将 $s = j\omega$ 代入，可得到幅频特性和相频特性为
$$\begin{cases} A(\omega) = \dfrac{\tau\omega}{\sqrt{1 + \tau^2 \omega^2}} \\ \varphi(\omega) = 90° - \arctan(\tau\omega) \end{cases} \tag{13.2-11}$$

令 $A(\omega)=1/\sqrt{2}$，求出截止频率 $\omega_c=\dfrac{1}{\tau}=\dfrac{1}{RC}$，即 $f_c=\dfrac{1}{2\pi RC}$。当 $f \geqslant f_c$ 时，信号被不失真地传输；$f < f_c$ 时信号被滤波器衰减。

有关二阶高通，读者可自行推导。调试时注意元件之间的关联影响。

13.3 有源滤波器

有源滤波器是指用运算放大器和 R、L、C 元件组成的电路。与无源滤波器相比有如下优点：较高的增益；输出阻抗低，易于实现各种类型的高阶滤波器；在构成超低频滤波器时无需大电容和大电感等。但在参数调整和抑制自激等方面要复杂些。

13.3.1 有源 RC 电路实现的二阶低通滤波器

二阶有源 RC 电路如图 13.3-1 所示，对该电路列出的节点电压方程为

$$
\begin{cases}
\left(\dfrac{1}{R_1}+\dfrac{1}{R_2}+sC_1\right)U_{n1}(s)-\dfrac{1}{R_2}U_{n2}(s)-sC_1 U_{n3}(s)=\dfrac{1}{R_1}U_i(s) \\[2mm]
-\dfrac{1}{R_2}U_{n1}(s)+\left(\dfrac{1}{R_2}+sC_2\right)U_{n2}(s)=0 \\[2mm]
U_{n2}(s)=\dfrac{R_o}{R_o+R_f}U_o(s) \\[2mm]
U_{n3}(s)=U_o(s)
\end{cases}
\tag{13.3-1}
$$

设 $k_F=1+R_f/R_o$ 为电路的增益，解方程组可得到低通滤波器的传递函数为

$$
K_L(s)=\frac{U_o(s)}{U_i(s)}=\frac{k_F}{R_1 R_2 C_1 C_2 s^2+[(R_1+R_2)C_2+(1-R_F)R_1 C_1]s+1}
\tag{13.3-2}
$$

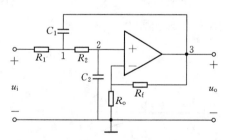

图 13.3-1 二阶有源 RC 电路

在最佳阻尼情况下，应满足

$$
\begin{cases}
\dfrac{1}{R_1 R_2 C_1 C_2}=\omega_c^2 \\[2mm]
\dfrac{1}{R_1 C_1}+\dfrac{1}{R_2 C_1}+\dfrac{1}{R_2 C_2}(1-k_F)=1.414\omega_c \\[2mm]
1+\dfrac{R_f}{R_o}=k_F
\end{cases}
\tag{13.3-3}
$$

在确定各元件参数时，应先确定增益 k_F 或最后用 k_F 作调整，其次根据截止频率 ω_c 的大小确定 C_1 和 C_2。通常电容的初选还是依据经验及其具体情况而定，下面的数据可供参考（$\omega=2\pi f_c$）：

$$
\begin{cases}
f_c=100\text{Hz 以下}, C=0.1\sim10.0\mu F \\
f_c=1\text{kHz 以下}, C=0.01\sim0.1\mu F \\
f_c=10\text{kHz 以下}, C=0.001\sim0.01\mu F \\
f_c=100\text{kHz 以下}, C=100\sim1000\text{pF} \\
f_c=100\text{kHz 以上}, C=10\sim100\text{pF}
\end{cases}
$$

由于方程组（13.3-3）中待定参数多于方程个数（约束条件），一般选定 $C_1 = C_2 = C$，调整 $R_1 = R_2 = R$ 来满足约束条件。

13.3.2　高通滤波器

二阶高通滤波器如图 13.3-2 所示。比较图 13.3-1 和图 13.3-2 可知 R_1 和 C_1 及 R_2 和 C_2 互换了位置，写出高通滤波器的传输函数

$$K_H(s) = \frac{R_1 R_2 C_1 C_2 k_F s^2}{R_1 R_2 C_1 C_2 s^2 + [(C_1 + C_2)R_2 + (1 - k_F)R_2 C_2 J]s + 1} = \frac{G s^2}{s^2 + a s + \omega_0^2}$$

(13.3-4)

其中

$$k_F = 1 + \frac{R_f}{R_o} = G$$

对于高通滤波器来说，$0 < \omega < \omega_c$ 是阻带区，$\omega > \omega_c$ 是通带区，截止频率点 $\omega_c = 2\pi f_c$ 的参数选择和计算与低通滤波器一样。设 $C_1 = C_2 = C$，可得下列约束条件

$$\begin{cases} \dfrac{1}{R_1 R_2 C^2} = \omega_c^2 \\[2mm] \dfrac{2}{R_2 C} + \dfrac{1 - k_F}{R_1 C} = 1.414\omega_c \\[2mm] k_F = 1 + R_f/R_o \end{cases}$$

(13.3-5)

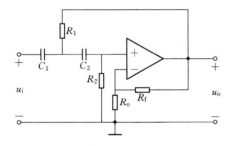

图 13.3-2　二阶高通滤波器

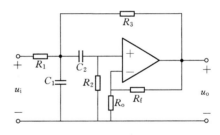

图 13.3-3　带通滤波器

13.3.3　带通滤波器

图 13.3-3 所示带通滤波器，其传递函数为

$$K_H(s) = \frac{\dfrac{R_1 + R_3}{R_2 R_3 C_2} k_F s}{R_1 R_2 C_1 C_2 \dfrac{R_1 R_2 R_3 C_1 C_2}{R_1 + R_3} s^2 + \dfrac{(R_1 C_1 + R_2 C_2 + R_1 C_2)R_3 + R_1 R_2 C_2(1 - k_F)}{R_1 + R_3} s + 1}$$

$$= \frac{G B s}{s^2 + a s + \omega_0^2} = \frac{G B s}{s^2 + (\omega_1 + \omega_2)s + \omega_1 \omega_2}$$

(13.3-6)

如果选择 $C_1 = C_2 = C$，可得如下约束条件

$$\begin{cases} a = \dfrac{1}{C}\left[\dfrac{1}{R_1} + \dfrac{1}{R_2} + \dfrac{1 - k_F}{R_3}\right] \\[2mm] \omega_0^2 = \dfrac{1}{R_2 C^2}\left(\dfrac{1}{R_1} + \dfrac{1}{R_2}\right) \\[2mm] G = \dfrac{k_F}{R_1 C B} \end{cases}$$

(13.3-7)

式中　$B = \dfrac{(R_1 + R_3)^2}{R_1 R_2 C_1 C_2}$；$k_F = 1 + R_f / R_0$ 为压控电源增益；$\omega_0 = \sqrt{\omega_1 \omega_2}$ 为滤波器中心频率；ω_1、ω_2 为上、下截止频率。

习　题

1. 滤波器按信号形式可分为哪几种？按采用元件类型可分为哪几种？

2. 将两个中心频率相同的滤波器串联，可以达到什么效果？

3. 滤波器的基本性能参数有哪些？

4. 如下图所示电路为一阶低通滤波器，试推导出该滤波器电压放大倍数 $A_{uf}(j\omega) = \dfrac{\dot{U}_o}{\dot{U}_i}$ 以及截止频率 f_0 的表达式。

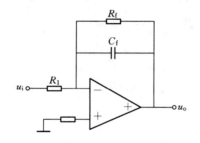

第14章 调 制 与 解 调

由于一些传感器的参数是阻抗型的，必须使用高频交流电源作为激励，以便获得实时变化的测量信号；而另一些测量信号将被赋予某种交变特征，使它能够区别于其他信号。所以，需要将测量信号搭载于一个特定的交变信号上，这一搭载过程称为调制。特定的高频交变信号称为载波。载波可以是正弦波也可以是脉冲序列。需要利用载波传输的测量信号，称为调制信号。将测量信号从载波中还原出来的过程，称为解调。

对于一个连续调制波，可以表示为

$$f(t) = A(t)\cos[\omega t + \varphi(t)]$$

该波的三要素：幅值 $A(t)$、频率 ω 和相角 $\varphi(t)$ 中任何参数都有可能携带了测量信号的信息。当 $A(t)$ 受测量信号控制时，为调幅；ω 受测量信号控制时，为调频；$\varphi(t)$ 受测量信号控制时，为调相。而调频和调相都是使正弦波的相角发生变化，所以二者被称为角度调制或简称调角。

举一个调制的例子。图 14-1 是用电感传感器测量工件轮廓形状的原理图，线圈与耦合变压器组成单边变压器电桥，供给电桥工作的正弦交流激励电源 u_c 实际上就是载波信号，波形见图 14-2（b）；测量杆带动衔铁按照工件轮廓形状变化上下移动，使得两线圈的自感发生差动变化，衔铁的位移 x 就是调制信号，波形见图 14-2（a）；测量电路的输出 u_x 受到衔铁位移 x 的控制，其幅值大小与衔铁偏离线圈中心位置的位移相关，因此，u_x 是一个幅值受控的已调制波，波形见图 14-2（c）。实际上，当测量电路的激励电源是交流源时，测量电路的输出就是一个搭载了被测参数的已调制信号。除此之外，有时为了便于区别信号与噪声，往往给测量信号赋予一定特征，最常用的方法就是对信号进行调制，如频率调制、V/F 变换、脉宽调制等。从已调制波中分离出被测参数的过程，就是解调。

当调制信号用数字取代模拟信号时，便得到了相应的数字调制系统。随着微电子技术

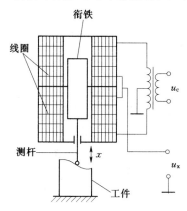

图 14-1 用电感传感器测量工件轮廓形状的原理图

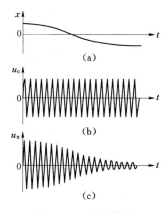

图 14-2 调幅信号

的发展，为了适应 CPU 的接口形式和有效的远距离传输信号，调频和载波数字信号越来越多地应用于检测系统中。本章仅简述调制与解调的基本原理及应用电路。

14.1 调幅与解调

14.1.1 调幅原理

用测量信号 $u(t)$ 去控制载波信号的振动，使已调波的包络线按照 $u(t)$ 的规律线性变化的过程，被称为调幅。假设测量信号为

$$u(t) = U_m \cos\omega t \tag{14.1-1}$$

载波为

$$c(t) = A_0 \cos\omega_0 t \tag{14.1-2}$$

则已调信号可以写成为

$$f_{AM}(t) = (A_0 + U_m \cos\omega t)\cos\omega_0 t = A_0(1 + m\cos\omega t)\cos\omega_0 t \tag{14.1-3}$$

式中 m——调制系数或调幅度。

用三角公式展开式（14.1-3）可得到

$$f_{AM}(t) = A_0 \cos\omega_0 t + \frac{m}{2}A_0 \cos[(\omega_0 + \omega)t] + \frac{m}{2}A_0 \cos[(\omega_0 - \omega)t] \tag{14.1-4}$$

这说明，调幅波由三个频率分量组成，第一项为载波；第二项为上边波；第三项为下边波。其调幅波波形及频谱图如图 14.1-1 所示。

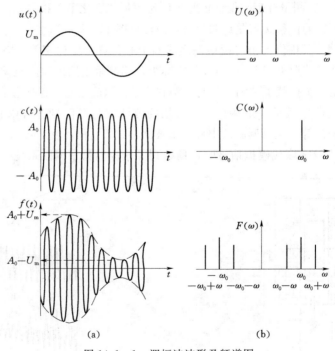

图 14.1-1 调幅波波形及频谱图

(a) 调幅波波形；(b) 调幅波频谱图

从图 14.1-1（a）可看出，$A_0 - U_m > 0$，即 $m < 1$，才能保证调幅波不出现过调制现象，否则在 $A_0 - U(t) = 0$ 处使载波相位产生 $180°$ 的反转，形成包络线失真，如图 14.1-2（a）所示；如使某些元件出现截止，过调波会如图 14.1-2（b）所示。

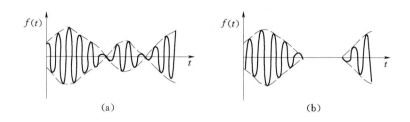

(a)　　　　　　　　　　(b)

图 14.1-2　过调幅失真

（a）相位反转失真；（b）截止失真

从图 14.1-1（b）中可看出，调幅过程使测量信号的频谱搬移了 $\pm \omega_0$，如果测量信号的最高频率为 ω_m，则调幅波占有 $2\omega_m$ 的带宽。所以为了保证频带不重叠及包络线不失真，应使 $\omega_0 \gg 2\omega_m$。

上述调幅被称为标准调幅（AM），主要是利用加法运算和乘法运算，其数学模型可表示为图 14.1-3。在实际组成调幅器时，通常只需在乘法器中加上一定的直流偏值即完成加法作用。但由于直流分量 A_0 不是调制信号中的一部分，因此在还原信号时，必须要滤掉，而且它占据了 AM 波中一半

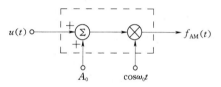

图 14.1-3　AM 波数学模型

以上的功率。为了提高调制效率，只要在 AM 波中令 $A_0 = 0$ 即可达到目的。式（14.1-3）被写为

$$f_{DSB}(t) = U_m \cos \omega t \cos \omega_0 t$$
$$= \frac{1}{2} U_m \cos[(\omega_0 + \omega)t] + \frac{1}{2} U_m \cos[(\omega_0 - \omega)t] \qquad (14.1-5)$$

式（14.1-5）中仅包含上边波和下边波，所以被称为双边带调幅（DSB）。DSB 波的波形及频谱图见图 14.1-4，其数学模型见图 14.1-5。

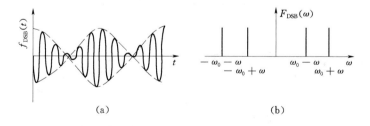

(a)　　　　　　　　　　(b)

图 14.1-4　双边带波波形及频谱图

（a）DSB 波波形；（b）DSB 波频谱图

实现 DSB 调制，原则上可以用任何非线性器件或时变参数电路实现乘法功能。通常是采用平衡调制器（如交流电桥），因为它简单稳定，且平衡性能好。但由于 $u(t)$ 改变符

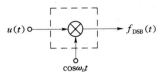

图 14.1-5　DSB 波数学模型

号时载波相位出现倒相点，故其包络形状不再与 $u(t)$ 的形状相同，而是按 $|u(t)|$ 的规律变化，因此解调电路要比 AM 解调电路复杂。

由式（14.1-5）可看出，上边波或下边波中都包含了 $u(t)$ 的全部信息，所以只要任意一个边波就足够了。在双边带调制器后面接上一个边带滤波器，抑制掉无用边，即可产生单边带波，这样的调制过程称为单边带调幅（SSB）。

14.1.2　调幅波的解调

解调是将测量信号从调制波中还原出来的过程。由于不同的调幅波在调制原理上存在差异，因此解调方法也不相同。

14.1.2.1　AM 波的解调

从 AM 波中还原测量信号最常用的就是包络检波器，图 14.1-6 说明了包络检波器的工作原理，该电路由整流、检波、低通滤波器和高通滤波器组成。电路中 VD 为整流二极管，R_D 为二极管导通时的电阻。由于二极管的单向导电特性，当调制波的正半周时，二极管导通，向电容 C_1 充电。当信号下降时，由于电容 C_1 上的电压大于输入信号，所以二极管截止，电容 C_1 通过电阻 R_1 放电。只要保证 $R_D C_1 \ll 1/\omega_0$ 或 $R_D C_1 \ll 1/2\pi f_0$（在不考虑信号源内阻情况下）使电容 C_1 很快地充电至输入信号的峰值；并且 $R_1 C_1 \gg 1/\omega_0$ 或 $R_1 C_1 \gg 1/2\pi f_0$（不考虑高通滤波器的输入阻抗），使电容 C_1 通过 R_1 缓慢放电，维持到输入信号的下一个正半周到来，再一次充电达到新周期的峰值。这样，就能得到带有纹波，但已近似于包络线的曲线。如果纹波明显的话，可以再加入一个低通滤波器将它滤掉。高通滤波器可将 $f_2(t)$ 中的直流分量滤除（C_2 的隔直作用）。因为 C_2 和 R_2 串联，$f_3(t)$ 是 R_2 上的分压结果，但是它可以写成

$$U(t) = \varepsilon f_3(t) \tag{14.1-6}$$

ε 可以由放大器的增益来实现。

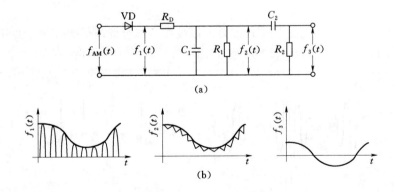

图 14.1-6　包络检波器及工作原理

（a）包络检波器；（b）包络检波器各点波形

从上述分析可知，整流检波不适合双边带调幅波（DSB）和单边带调幅（SSB）波的解调。

14.1.2.2 DSB和SSB波的解调

同步检波（又称为相敏检波）主要用来解调DSB和SSB调幅波的。图14.1-7是二极管包络检波器构成的同步检波器，其中 $u_s(t)$ 为调幅波，即

$$u_s = U_{sm}\cos\omega t\cos\omega_0 t \qquad (14.1-7)$$

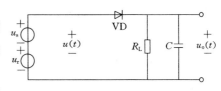

图14.1-7　二极管包络检波器
构成的同步检波器

$u_r(t)$ 为同步波，表示为

$$u_r(t) = U_{rm}\cos\omega_0 t \qquad (14.1-8)$$

两信号合成后，可写成

$$u(t) = u_s(t) + u_r(t) = U_{rm}\left(1 + \frac{U_{sm}}{U_{rm}}\cos\omega t\right)\cos\omega_0 t \qquad (14.1-9)$$

将式（14.1-9）与式（14.1-3）比较可知，只要满足 $U_{rm} > U_{sm}$ 的条件，合成信号为不失真的AM信号，因而再用包络检波器便可检出所需的调制信号。

必须指出，同步检波的关键就是要有一个与载波信号同频同相的同步信号。在实际应用中，直接使用载波信号不方便的话，也可用相应的电路从调制波中提取。

另外一种解调方法是由相乘器和低通滤波器组成，其原理为

$$u(t) = u_s(t)u_r(t) = U_{sm}U_{rm}\cos\omega t\cos^2\omega_0 t \qquad (14.1-10)$$

令 $U_{rm} = 1$，式（14.1-10）可写成

$$u(t) = \frac{U_{sm}}{2}\cos\omega t + \frac{U_{sm}}{4}\cos(2\omega_0 - \omega)t + \frac{U_{sm}}{4}\cos(2\omega_0 + \omega)t \qquad (14.1-11)$$

通常 $\omega_0 \gg \omega$，用低通滤波器滤掉式（14.1-11）中的第二项和第三项，剩下第一项即可检出调制信号。

14.1.2.3 常用解调电路

1. AM解调电路（整流电路）

（1）半波精密包络检波器。图14.1-8为半波精密包络检波器电路，由于电容 C 上的充电电压不影响半波整流器的工作，所以它属于平均值检波电路。

在 u_s 为正半周期时，N_1 输出为负，VD_1 导通，VD_2 截止，A 点通过 R_3 虚接地，A 点输出地电位。u_s 为负半周期时，N_1 输出为正，VD_1 截止，VD_2 导通，A 点输出与 u_s 反相的半波信号，实现半波整流，它相当于一个整流管。但 VD_2 在闭环内，可以把它看作 N_1 输出阻抗的一部分。在 VD_2 导通的半周期内，A 点输出为 $u_A = -\dfrac{R_3}{R_1}u_s$，与 VD_2 的导通电阻无关，从而 VD 的特性不影响检波精度。

（2）全波包络检波电路。图14.1-9所示为全波精密整流器电路，该电路由两个半

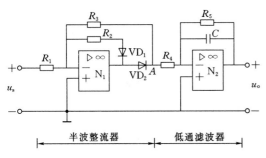

图14.1-8　半波精密包络检波器电路

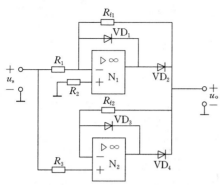

图 14.1-9　全波精密整流器电路

波精密整流器组成，工作原理参见图 14.1-8 电路说明。要求 $R_1 = R_3 = R_{f1} = R_{f2}$，输出需接低通滤波器。全波输出 $u_0 = |u_s|$。

（3）电流输出型全波包络检波器。图 14.1-10 为具有电流输出的全波整流器。流经负载 R_L 的电流为 I_o，并且有 $|I_o| = |I_1| = |u_s| / R_1$，因为 I_1 的方向随 u_s 的极性变化，I_o 的方向不变，从而实现了 $I_o = |u_s| / R_1$ 的直流输出。在 R_L 上并电容 C 即可完成低通滤波或接低通滤波器，构成全波包络检波器。如果输入信号从运算放大器的同相端输入，可构成高输入阻抗的全波整流电路。

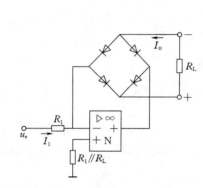

图 14.1-10　具有电流输出的全波整流器

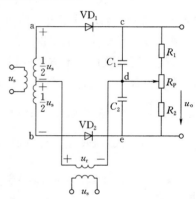

图 14.1-11　相加型半波相敏检波电路

2. DSB 和 SSB 解调电路（相敏检波）

（1）相加型半波相敏检波。图 14.1-11 所示电路是实现图 14.1-7 原理的相加型半波相敏检波电路。由于 $u_r \gg \frac{1}{2} u_s$，只有在 u_r 左端为正的半个周期 VD_1 和 VD_2 才可能导通，电路才工作。

$$u_{ad} = u_r + \frac{1}{2} u_s$$

$$u_{bd} = u_r - \frac{1}{2} u_s$$

$$u_{cd} = \kappa_1 \left(u_r + \frac{1}{2} u_s \right)$$

$$u_{ed} = \kappa_1 \left(u_r - \frac{1}{2} u_s \right)$$

所以有

$$u_o = \frac{SGN(u_r) + 1}{2} \kappa_1 u_s \qquad (14.1-12)$$

166

式中 $SGN(u_r)$——当 u_r 左端为正时取 1，为负时取 −1。

$$\kappa_1 = \frac{R_1 + R_{P1}}{R_{D1} + R_1 + R_{P1}} = \frac{R_2 + R_{P2}}{R_{D2} + R_2 + R_{P2}}$$ 为平衡条件。

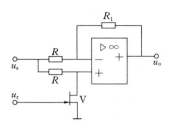

图 14.1−12　开关式相乘型
全波相敏检波

另半个周期 $u_o=0$，并上电容 C_1、C_2 后实现低通滤波。

（2）开关式相乘型全波相敏检波。图 14.1−12 是实现同步信号与调制波相乘来解调 DSB 或 SSB 的简单电路。在 u_r 为正半周期时，V 导通，运放的同相端接地，$u_o=-u_s$ $R_1/R=-u_s$；在 u_r 为负半周时，V 截止，u_s 同时从同相端与反相端输入，$u_o=u_s$。则有

$$u_o = - SGN(u_r)u_s \qquad (14.1-13)$$

式中 $SGN(u_r)$——u_r 为正半周期时取 1，否则取为 −1。只要再接入低通滤波器就可以得到包络线。

14.2　调　频　与　解　调

用测量信号去控制载波信号的频率，使已调波的频率发生变化，而幅值不变的过程，被称为调频（FM）。

若设载波的频率为 ω_0（称为中心频率），测量信号的变化量为 $\Delta U_0(t)$，则有

$$\omega(t) = \omega_0 + K_f \Delta U_0(t) \qquad (14.2-1)$$

式中 K_f——比例常数，代表调频器的调制灵敏度。

图 14.2−1 为测量信号的调频波形。由于调频波经过整形变成方波之后，可直接引入 CPU 的计数器端口，通过程序（测频或测周期）计算 $\omega(t)$ 与 $\Delta U_0(t)$ 之间的关系。

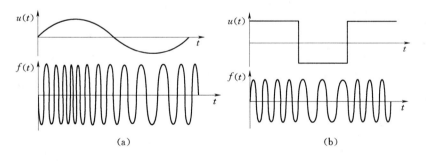

图 14.2−1　测量信号的调频波形
（a）连续波的调频波形；（b）脉冲波的调频波形

14.2.1　调频波的产生

在检测技术中常用的调频方法有谐振和电压频率转换的方法。

14.2.1.1　振荡器谐振电路

图 14.2−2 所示电路中电感 L 和电容 C 配合放大器组成一个并联谐振振荡器电路。其振荡频率为

$$\omega = \frac{1}{\sqrt{LC}} = \frac{1}{\sqrt{L(C_0 + C_1 + C_c + \Delta C)}} \qquad (14.2-2)$$

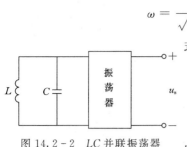

图 14.2-2　LC 并联振荡器

式中　C_0——传感器的电容；

　　　C_1——谐振电路中的固定电容；

　　　C_c——电缆分布电容；

　　　ΔC——由被测量引起的电容变化量。

当传感器没工作时，$\Delta C = 0$，振荡器的频率为谐振回路的中心振荡频率，表示为

$$\omega_0 = \frac{1}{\sqrt{L(C_0 + C_1 + C_c)}} \qquad (14.2-3)$$

当传感器工作时，谐振频率将随电容增量 ΔC 变化，式（14.2-3）被写成

$$\omega_0 = \frac{1}{\sqrt{L(C_0 + C_1 + C_c + \Delta C)}}$$

$$= \frac{1}{\sqrt{L(C_0 + C_1 + C_c)}} \frac{1}{\sqrt{1 + \Delta C/(C_0 + C_1 + C_c)}}$$

考虑 $C \gg \Delta C$，$1/\sqrt{1 + \Delta C/(C_0 + C_1 + C_c)}$ 展开成级数，忽略高阶无穷小项，则 $\omega(t)$ 可近似表达为

$$\omega(t) = \omega_0 + \Delta\omega = \omega_0 \left(1 - \frac{1}{2}\frac{\Delta C}{C}\right) = \omega_0 - K_1 \qquad (14.2-4)$$

可见，电参数 ΔC 控制着频率 $\Delta\omega$ 在中心频率 ω_0 附近变化，便得到了幅值不变，频率受控的调频波，实用电路如图 14.2-3 所示。若取 $C_1 \gg C$、$C_2 \gg C$，则振荡器的频率为

$$\omega = 1/\sqrt{LC} \quad 或 \quad f = 1/2\pi\sqrt{LC}$$

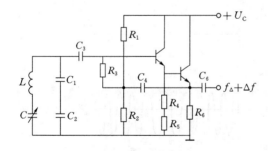

图 14.2-3　电参数调频电路

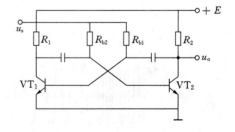

图 14.2-4　基极受控的多谐振荡器电路

14.2.1.2　压控振荡电路

图 14.2-4 是一多谐振荡电路，其方波的频率与基极偏置电压有关，如果用测量信号去控制偏压，则振荡电路的输出就是一受控的调频方波。

实用电路见图 14.2-5，读者可自行分析其工作原理。

14.2.1.3　电压/频率转换（V/F）电路

V/F（电压/频率）转换器能把输入信号电压转换成相应的频率信号，即它的输出信号频率与输入信号电压值成比例，故又称为电压控制（压控）振荡器（VCO）。

1. 电压频率转换的原理

（1）电荷平衡式电路。如图 14.2-6 所示为电荷平衡式电压频率转换电路的原理图。电路由积分器和滞回比较器组成，S 为电子开关，受输出电压 u_o 的控制。设 $u_i < 0$，$|I \gg i_i|$，u_o 的高电平为 U_{OH}，u_o 的低电平为 U_{OL}，当 $u_o = U_{OH}$ 时，S 闭合，当 $u_o = U_{OL}$ 时，S 断开。当 $u_o = U_{OL}$ 时，S 断开，积分器对输入电流 i_i 积分，且 $i_i = u_i/R$，u_{o1} 随时间逐渐上升；当增大到一定数值时，从 U_{OL} 跃变为 U_{OH}，使 S 闭合，积分器对恒流源电流 I 与 i_i 的差值积

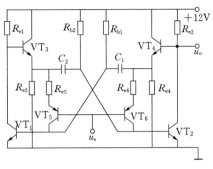

图 14.2-5 实用电压调频电路

分，且 I 与 i_i 的差值近似为 I，u_{o1} 随时间下降；因为 $|I \gg i_i|$，所以 u_{o1} 下降速度远大于其上升速度；当 u_{o1} 减小到一定数值时，u_o 从 U_{OH} 跃变为 U_{OL} 回到初态，电路重复上述过程，产生自激振荡，波形如图 14.2-6（b）所示。由于 $T_1 \gg T_2$，振荡周期 $T \approx T_1$。u_i 数值越大，T_1 越小，振荡频率 f 越高，因此实现了电压频率转换，或者说实现了压控振荡。

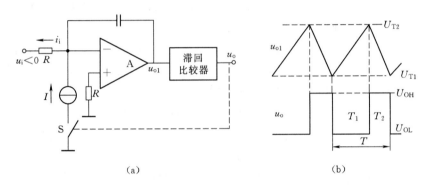

图 14.2-6 电荷平衡式电压频率转换电路原理图
（a）原理图；（b）波形分析

（2）复位式电路。复位式电压频率转换电路的原理图如图 14.2-7 所示，电路由积分器和单限比较器组成，S 为模拟电路开关，可由三极管或场效应管组成。设输出电压 u_o 为高电平 U_{OH} 时 S 断开，u_o 为低电平 U_{OL} 时 S 闭合。当电源接通后，由于电容 C 上电压为零，即 $u_{o1} = 0$，使 $u_o = U_{OH}$，S 断开，积分器对 u_i 积分，u_{o1} 逐渐减小；一旦 u_{o1} 过基准电压 U_{REF}，u_o 将从 U_{OH} 跃变为 U_{OL}，导致 S 闭合，使 C 迅速放电至零，即 $u_{o1} = 0$，从而 u_o 将从 U_{OL} 跃变为 U_{OH}；S 又断开，重复上述过程，电路产生自激振荡，波形如图 14.2-7（b）所示。u_i 越大，u_{o1} 从零变化到 U_{REF} 所需时间越短，振荡频率也就越高。

2. 电压频率转换的常用电路

（1）LM331 频率电压转换器。LM331 是美国 NS 公司生产的性能价格比较高的集成芯片，可用作精密频率电压转换器用。LM331 采用了新的温度补偿能隙基准电路，在整个工作温度范围内和低到 4.0V 电源电压下都有极高的精度。同时它动态范围宽，可达100dB；线性度好，最大非线性失真小于 0.01%，工作频率低到 0.1Hz 时尚有较好的线性；变换精度高，数字分辨率可达 12 位；外接电路简单，只需接入几个外部元件就可方

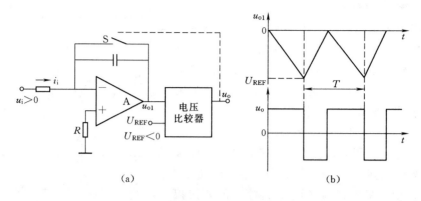

图 14.2-7 复位式电压频率转换电路原理图

(a) 原理图；(b) 波形分析

便地构成 V/F 或 F/V 等变换电路，并且容易保证转换精度。

图 14.2-8 是由 LM331 组成的电压/频率变换电路，LM331 内部由输入比较器、定时比较器、R-S 触发器、输出驱动、复零晶体管、能隙基准电路和电流开关等部分组成。输出驱动管采用集电极开路形式，因而可以通过选择逻辑电流和外接电阻，灵活改变输出脉冲的逻辑电平，以适配 TTL、DTL 和 CMOS 等不同的逻辑电路。当输入端 V_i 为正电压时，输入比较器输出高电平，使 R-S 触发器置位，输出高电平，输出驱动管导通，输出端 f_o 为逻辑低电平，同时电源 V_{cc} 也通过电阻 R_2 对电容 C_2 充电。当电容 C_2 两端充电电压大于 V_{cc} 的 2/3 时，定时比较器输出高电平，使 R-S 触发器复位，输出低电平，输出驱动管截止，输出端 f_o 为高电平，同时，复零晶体管导通，电容 C_2 通过复零晶体管迅速放电；电子开关使电容 C_3 对电阻 R_3 放电。当电容 C_3 放电电压等于输入电压 V_i 时，输入比较器再次输出高电平，使 R-S 触发器置位，如此循环，构成自激振荡。输出脉冲频率 f_o 与输入电压 V_i 成正比，从而实现了电压/频率变换。其输入电压和输出频率的关系为

$$f_o = (V_i R_4)/(2.09 R_3 R_2 C_2)$$

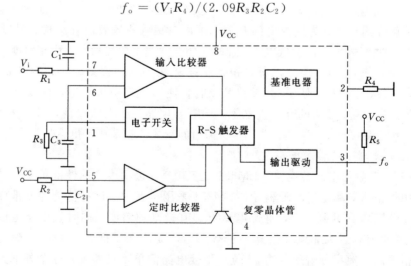

图 14.2-8 LM331 组成的电压/频率变换电路

由于 f_0 会受到电阻 R_2、R_3、R_4 和电容 C_2 变化的影响，因此对元件的精度要有一定的要求，可根据转换精度适当选择。电阻 R_1 和电容 C_1 组成低通滤波器，可减少输入电压中的干扰脉冲，有利于提高转换精度。

（2）BG382 电压频率转换器。图 14.2－9 所示是由 BG382 组成的高精度 V/F 转换电路，其精度可达 ±0.05％，该电路采用了由运放 BG305 和积分电容 C_1 组成的有源积分电路，这个积分电路将负载输入电压变为正斜坡电压，当积分器输出达到 BG382 内部比较器的比较电平时，单稳电路被触发，恒流源的电流 I_0 从 1 端流出，使积分器的输出急剧下降，单稳输出结束时，斜坡输出电压上升，重复以上转换周期。由于信号从运算放大器的反相端输入，因此要求输入信号为负值，如果信号从运算放大器同相端输入，则输入信号应为正。该电路线性精度高的原因在于：恒流源的 1 端接在运算放大器的虚地端，使恒流源总是处在地电位上，这样恒流源电流 I_0 的大小不再受输入电压变化的影响。可选择低失调电压、低失调电流的运算放大器，如 OP07，同时，也要求选择稳定性好、温度系数低的电容。

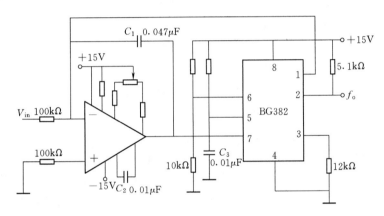

图 14.2－9　由 BG382 组成的高精度 V/F 转换电路

14.2.2　解调

调频波的解调称为频率检波，简称鉴频。鉴频电路是将输入调频信号的瞬时频率 ω 变换为相应的解调输出电压 u_0 的变换器。由于单片机技术在传感器及检测系统中得到了广泛的应用，直接测频已是非常方便的事情，有关测频的方法请参阅单片机接口技术等相关文献。

14.3　调　相　与　解　调

用测量信号去改变载波信号的相位，使其相位发生变化而幅值不变的过程，称为调相（PM）。若设载波的起始相角为 φ_0，测量信号的增量为 $\Delta U(t)$，则有

$$\varphi(t) = \varphi_0 + K_\varphi \Delta U(t) \tag{14.3－1}$$

式中　K_φ——调相波的调制指数。

14.3.1　调相波的产生

图 14.3－1 所示电路中，C 为传感器的参数，R 为固定电阻，则支路电压为

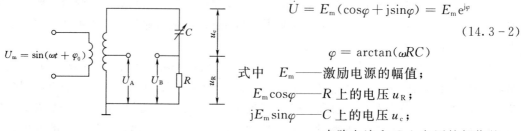

$$\dot{U} = E_m(\cos\varphi + j\sin\varphi) = E_m e^{j\varphi}$$

$$(14.3-2)$$

$$\varphi = \arctan(\omega RC)$$

式中 E_m——激励电源的幅值；

       $E_m\cos\varphi$——R 上的电压 u_R；

       $jE_m\sin\varphi$——C 上的电压 u_c；

图 14.3-1 电参数调相电路 φ——支路电流和 C 上电压的相位差。

设传感器没工作时的电容为 C_0，工作时的电容为 $C_0 + \Delta C$，则相位差可写成

$$\varphi = \arctan\omega_0 R(C_0 + \Delta C) \qquad (14.3-3)$$

将式（14.3-3）在 $\omega_0 RC_0$ 处展开成泰勒级数，并忽略高阶无穷小，则

$$\varphi = \arctan\omega_0 RC_0 + \frac{\Delta C}{1 + \omega_0 RC_0} = \varphi_0 + \Delta\varphi \qquad (14.3-4)$$

$$\Delta\varphi = \frac{1}{1 + \omega_0 RC_0}\Delta C \qquad (14.3-5)$$

可见，支路电压与支路电流的相位角是受 φ 控制的，即激励电源 $e = E_m\sin\omega t$。则与支路电流同相的 $u_R = U_R\sin(\omega t + \varphi)$。比较 e 和 u_R 的相位差，就可得到 ΔC 的大小。

14.3.2 解调

调相波的解调可用鉴相器来完成。由于图 14.1-11 和图 14.1-12 等相乘和相加型相敏检测电路都可完成鉴相任务，在此不再叙述。以下是由门电路组成的鉴相器。

图 14.3-2（a）为异或门鉴相器，相位差为 φ 的两个信号 U_A 和 U_B 分别加到异或门的两输入脚，输出 U_0 的脉宽与相位差 φ 成正比，然后用 U_0 控制与门，通过与门的固定频率 CP 的脉冲数也就与 φ 成正比，用记数的方法就可得到相位差 φ。图 14.3-2（b）是由 RS 触发器构成的鉴相电路，U_A 和 U_B 经整形后形成负的窄脉冲，使 RS 触发器翻转，输出信号 U_0 的脉宽与 U_A 和 U_B 的相位差 φ 成正比。除用 U_0 去控制脉冲计数器的解调方法外，也可用低通滤波将 U_0 变成直流电压的解调方法。

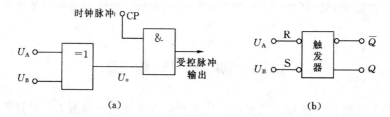

图 14.3-2 门电路鉴相器

（a）异或门鉴相器；（b）RS 触发器鉴相器

利用门电路时，如图 14.3-1 中 U_B 取自 R 两端的电压，U_A 取自激励 e 的电压，则 U_A 和 U_B 必须整形成方波，方能用作门电路的输入。如果 U_A 或 U_B 是经过互感变压器以后的信号，要考虑由变压器引起的移相，否则会造成解调误差。

14.4 脉 宽 调 制 与 解 调

用测量信号去改变脉冲信号的占空比，而脉冲波的周期不变，这种调制方法称为脉宽调制，它也是调制测量信号的常用方法。

14.4.1 脉冲调宽的方法

14.4.1.1 电参数调制

在图 14.4-1 中多谐振荡器的差动电容 C_1 和 C_2 在测量时一个增大，另一个减小，使得多谐振荡器的输出 U_o 的脉宽受被测参数的调制。根据电子技术知识，该电路只有两个暂态：VT_1 截止，VT_2 饱和导通；或者 VT_1 饱和导通，VT_2 截止。当 VT_2 饱和导通的瞬间，VT_1 的基极通过 $(C+\Delta C)$ 被强制为地电平，VT_1 截止。此时，$(C+\Delta C)$ 通过 R_{b1} 充电，一直充电至 VT_1 导通，VT_2 截止为止。这一暂态过程取决于 R_{b1}、$(C+\Delta C)$ 的充电时间，可用下式计算

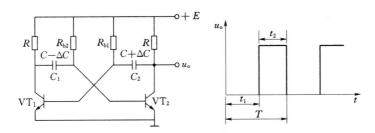

图 14.4-1　多谐振荡器脉冲调宽电压

$$t_1 = 0.7R_{b1}(C+\Delta C) \qquad (14.4-1)$$

同理，当 VT_2 截止，VT_1 导通的暂态时间为

$$t_2 = 0.7R_{b2}(C-\Delta C) \qquad (14.4-2)$$

总的时间周期为

$$VT = t_1 + t_2 = 0.7C(R_{b1}+R_{b2}) \qquad (14.4-3)$$

从式（14.4-1）或式（14.4-2）可以看出脉冲波的宽度是受 ΔC 控制的，单从式（14.4-3）得到的脉冲波的周期是固定不变的，与 ΔC 无关。这种电路的缺点是脉宽变化的范围比较小。

14.4.1.2 电压调制

图 14.4-2 为电压调制电路。由锯齿波发生器形成的载波信号 u_c，测量信号为 u_s，并通过比较器进行比较。当 $u_c > u_s$ 时，输出 u_o 为高电平；当 $u_c < u_s$ 时，输出 u_o 为低电平。如图 14.4-2 中所示，脉宽受信号电压 u_s 的调制。

14.4.2 解调

脉宽调制波可以通过脉冲宽度鉴别器解调。由于定时和计数是单片机最简单的处理工作，可

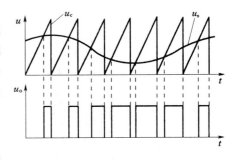

图 14.4-2　电压调制电路

以用图 14.4-1 或图 14.4-2 中的 u_o 去控制图 14.3-2 电路中时钟脉冲 CP 通过与门的个数，得到测量脉宽。

调频波、调相波和脉宽调制波，使用计数和测量周期的方法来解调，不但可以简化检测电路，而且抗干扰性能好，对电源要求不高，测量信号便于远传。

14.5 数字调制与解调

前述调制过程中的调制信号均为模拟信号，随着数字信息技术的发展，以数字信号作为调制信号的数字调制技术被广泛的采用。由于它具有很强的抗干扰能力，非常好的保密性，以及可以传输声音、图像、文字等综合信息的能力，而成为信号传输的主要方法之一。数字调制又称键控，它与模拟调制一样分为幅度键控（ASK）、频率键控（FSK）和相位键控（PSK）。

本章仅简要介绍二进制数字调制与解调的基本原理。

14.5.1 幅度键控（ASK）的产生与解调

14.5.1.1 幅度键控信号的产生

假设数字信号 $S(t)$ 用脉冲序列表达式为

$$S(t) = \sum_k a_k g(t - kt) \tag{14.5-1}$$

式中 a_k 为随机变量。对于二进制来说，当第 k 元码为 1 时，$a_k = 1$；当第 k 元码为 0 时，$a_k = 0$。$S(t)$ 与载波信号 u_C 相乘后，得到幅度键控信号，可表示为

$$u_o(t) = \sum_k a_k g(t - kt)\sin\omega_0 t = \begin{cases} \sin\omega_0 t, & a_k = 1 \\ 0, & a_k = 0 \end{cases} \tag{14.5-2}$$

则数字幅度键控信号波形如图 14.5-1 所示。在式（14.5-1）中，每一元码所占的时间周期为 T，它的倒数为码速，单位为 bit/s。与模拟调制中的调幅相似，幅度键控信号波形的包络线就是数字信息。所以，当使用的载波频率 ω_0 比较低时，数字信号的码速不能高，否则会出现失真现象。式（14.5-2）所表达的是双边带调制信号，图 14.5-2 给出了 ASK 调制的模型及原理框图，其他形式的幅度键控也可应用。

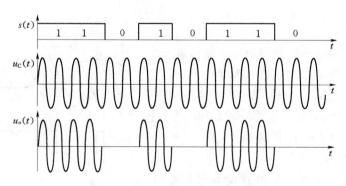

图 14.5-1　数字幅度键控信号波形

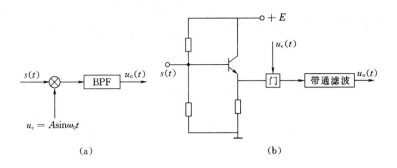

(a)　　　　　　　　　　　　　　　　　　(b)

图 14.5 - 2　ASK 调制模型及原理框图

（a）ASK 调制模型；（b）ASK 调制原理框图

14.5.1.2　幅度键控信号解调

对于模拟调制信号来说，在调制和传输的过程中必然要受到干扰，解调后的信号不可避免地存在失真。因此，模拟信号的解调，除合理选择解调方法之外，特别注重滤波器的设计。然而，对于数字信号来说，允许幅度检波器输出的信号有一定的失真，只需用适当的方法"鉴别"出各码元的真实含义（1 或 0），恢复原本的数字序列，就等于将干扰造成的失真完全消除。

图 14.5 - 3（a）为包络线检波器构成的 ASK 信号解调原理框图，图 14.5 - 3（b）为相敏检波器构成的 ASK 信号解调原理框图；图 14.5 - 3（c）为解调波形图。与模拟信号不同的是增加了判决电路，其最简单的形式是一个比较器，当低通滤波器的输出信号 $u_L(t)$ 高于 E_P 时，被判决为"1"，低于 E_P 时，被判决为"0"。判决电路通常使用施密特触发器，并令触发电平等于判决电平 E_P（$E_P = U/2$）。可想而知，鉴别出码元真实可信的

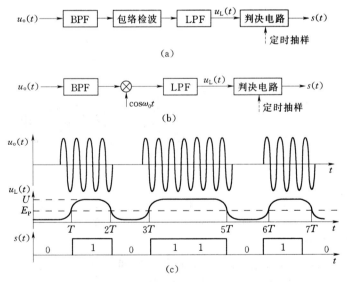

图 14.5 - 3　ASK 信号解调原理及波形

（a）包络检波解调原理；（b）相敏检波解调原理；（c）解调的波形图

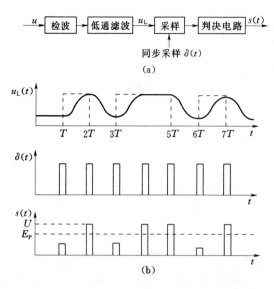

图 14.5-4　采样-判决解调原理

（a）解调原理框图；（b）消除波形失真

前提就是低通滤波器输出 $u_L(t)$ 的高、低电平失真不能过大，判决电平 E_P 过高或者过低，判决就可能产生差错。因此，通常使用采样-判决电路，图 14.5-4 是使用该电路的解调原理框图及波形。由图中可以看出，在 $2T \sim 3T$，码元 1 的后沿还未衰减为零，就进入采样时刻（$3T$），码元 0 就有可能误判为 1。这就需要在设计低通滤波器时，应根据码速来设定响应的时间常数（截止频率）。

14.5.2　频率键控（FSK）的产生与解调

14.5.2.1　频率键控信号的产生

由数字信号对载波的频率进行控制，就可得到频率键控信号，表示为

$$u_o(t) = \begin{cases} A\sin\omega_1(t), a_k = 1 \\ A\sin\omega_2(t), a_k = 0 \end{cases}$$

$$(14.5-3)$$

式（14.5-3）说明码元 1 用频率 ω_1 来传输，码元 0 用频率 ω_2 来传输，图 14.5-5 是 FSK 信号的选频调制原理及波形。从图中可以看出，FSK 信号是两个交错的 ASK 信号之和。图 14.5-6 是由多谐振荡器构成的 FSK 信号直接调频调制电路，它是由图 14.2-4 所示基极受控的多谐振荡电路演变而来的，这种直接调频的形式大多用于码速比较低的数据传输。

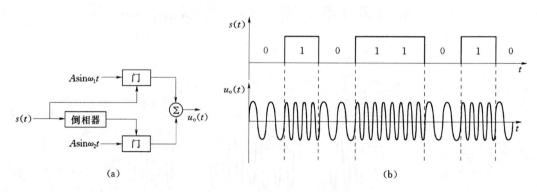

图 14.5-5　FSK 信号的选频调制原理及波形

（a）FSK 信号的选频调制法；（b）FSK 信号波形

14.5.2.2　频率键控信号的解调

如图 14.5-7 所示，由于它是两个 ASK 信号之和，所以 FSK 信号解调可以用包络线检波和相敏检波。图 14.5-7 所示包络检波解调原理和相敏检波解调原理，解调过程中的波形请读者自己画出。使用单片机接收 FSK 信号时，通常采用零点解调法，这样正好利用了单片机的定时和计数功能，简化了解调电路。图 14.5-8 是零点解调法的原理和波形。

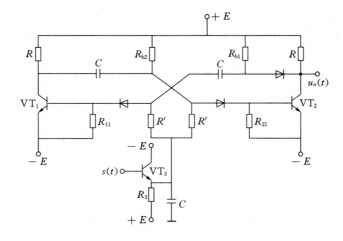

图 14.5-6　FSK 信号的直接调频调制电路

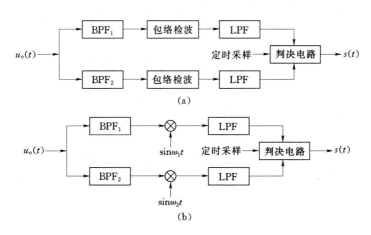

图 14.5-7　包络和相敏解调原理

（a）包络检波解调原理；（b）相敏检波解调原理

14.5.3　相位键控（PSK）的产生与解调

14.5.3.1　相位键控信号的产生

用数字信号调控载波信号的相位，被称为相位键控调制方式，它分为二相相位键控（BPSK）和多相相位键控（MPSK），这里仅介绍二相相位键控。

设载波信号为 $u_c(t) = A\sin(\omega_0 t + \varphi)$，数字信号 $S(t)$ 的表达式（14.5-1）所示，则 BPSK 信号表示为

$$u_o(t) = \begin{cases} A\sin\omega_0 t, & a_k = 1 \\ A\sin(\omega_0 t \pm \pi), & a_k = 0 \end{cases} \quad (14.5-4)$$

其调制模型与波形如图 14.5-9 所示。如果对载波进行 $\pi/2$ 移相，则可得四相相位键控（QPSK）信号。图 14.5-9（b）是在载波信号 $u_c(t)$ 的初相位为零时得到的，如果初相位为 π，则图形将倒相。在检出时，有可能出现将"1"认为"0"，将"0"认为"1"的情况。为了解决这一问题，通常采用二相差分相位键控（BDPSK），见图 14.5-10，其原

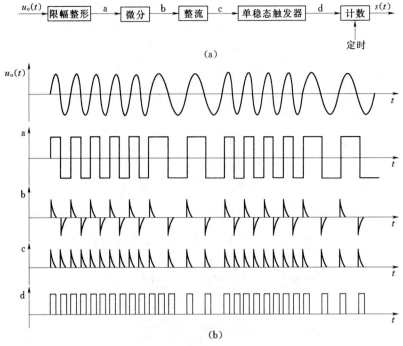

图 14.5-8 零点解调法原理及波形

(a) 零点解调原理图；(b) 波形

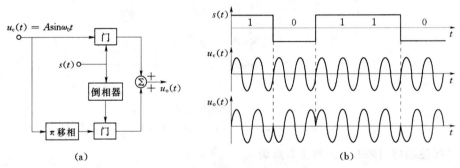

图 14.5-9 二相相位键控模型与波形

(a) 二相相位键控模型；(b) 波形

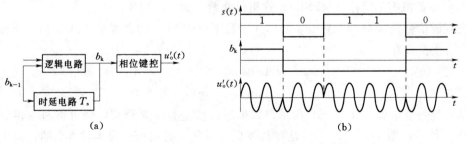

图 14.5-10 二相差分相位键控与波形

(a) 差分相位键控模型；(b) 波形

则是当码元为"1"时，载波相位取与前一个码元的载波相位相同；当码元为"0"时，载波相位取与前一个码元的载波相位相差 π。BDPSK 信号的键控模型与波形如图 14.5 - 10 所示，图中 b_k 是与码元 a_k 相对应的差分码，通过时延电路（如 D 触发器）产生时延一个码元宽度 T_s 的差分码 b_{k-1}，将 b_{k-1} 与 a_k 共同加到逻辑电路（如同或门）上，进行如下运算：当 $a_k=1$ 时，b_k 与 b_{k-1} 相同（即 $b_{k-1}=0$ 则 $b_k=0$ 或 $b_{k-1}=1$ 则 $b_k=1$）；当 $a_k=0$ 时，b_k 与 b_{k-1} 相反（即 $b_{k-1}=0$ 则 $b_k=1$ 或 $b_{k-1}=1$ 则 $b_k=0$）。运算产生的差分码可经图 14.5 - 9（a）所示模型调相，最终产生 BDPSK 信号。

14.5.3.2　PSK 信号的解调

PSK 信号可用相干（同步）检波器来解调，这里对此方法不再叙述，请读者参考前述内容自行推导。这里介绍 BDPSK 信号的解调方法：差分相干解调。因其电路简单，而得到了广泛的应用。

在图 14.5 - 11 中延迟网络的延迟时间 T_s 是由数字信号的传输速率来定的，当 1200bit/s 时，$T_s=833\mu s$。经延迟后的信号 $u'_o(t-T_s)$，比原来的键控信号 $u'_o(t)$ 正好落后一个码元时间。用相乘器（鉴别器）将它们相乘后，经低通滤波器就可得到与原数字信号一致的 $S'(t)$。

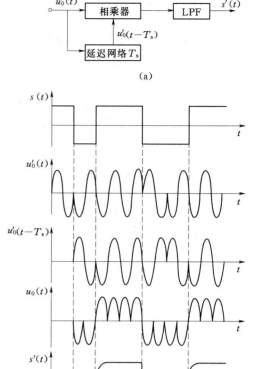

图 14.5 - 11　差分解调原理及波形
（a）差分相位解调原理；（b）波形

习　　题

1. 什么叫调制？什么叫解调？举例说明测量电路中如何应用。

2. 如何分析各种调制信号的频谱结构？幅度调制、频率调制和相位调制各有什么优缺点？

3. 一个信号具有 $100\sim500\mathrm{Hz}$ 范围的频率成分，若对此信号进行调幅，试求：

（1）调幅波的带宽将是多少？

（2）若载波频率为 $10\mathrm{kHz}$，在调幅波中将出现哪些频率成分？

4. 已知调幅波 $x_a=(100+30\cos2\pi f_1 t+20\cos6\pi f_1 t)(\cos2\pi f_c t)$，其中 $f_c=10\mathrm{kHz}$，$f_1=500\mathrm{Hz}$，求：

（1）所包含的各分量的频率及幅值。

（2）绘出调制信号与调幅波的频谱。

参 考 文 献

［1］ 彭军. 传感器与检测技术 ［M］. 西安：西安电子科技大学出版社，2003.
［2］ 常健生. 检测与转换技术 ［M］. 3 版. 北京：机械工业出版社，2005.
［3］ 马西秦. 自动检测技术 ［M］. 3 版. 北京：机械工业出版社，2011.
［4］ 余成波，胡新宇，赵勇. 传感器与自动检测技术 ［M］. 北京：高等教育出版社，2004.
［5］ 赵玉刚，邱东. 传感器基础 ［M］. 北京：中国林业出版社，2006.
［6］ 童诗白，华成英. 模拟电子技术 ［M］. 3 版. 北京：高等教育出版社，2000.
［7］ 朱蕴璞. 传感器原理与应用 ［M］. 北京：国防工业出版社，2006.
［8］ 唐文彦. 传感器 ［M］. 5 版. 北京：高等教育出版社，2014.